高职高专"十三五"规划教材

Gao Deng Shu Xue Lian xi ce

高等数学练习册

（上册）

高 华 主 编

吴力荣 曹文方 王秀芳 副主编

龚和林 主 审

浙江大学出版社
ZHEJIANG UNIVERSITY PRESS

图书在版编目（CIP）数据

高等数学练习册. 上册 / 高华主编. —杭州：
浙江大学出版社，2016.9（2023.7 重印）
ISBN 978-7-308-16191-6

Ⅰ. ①高… Ⅱ. ①高… Ⅲ. ①高等数学－高等学校－
习题集 Ⅳ. ①O13-44

中国版本图书馆 CIP 数据核字（2016）第 211269 号

高等数学练习册（上册）

主　编　高　华

责任编辑	王　波	
责任校对	徐　霞	
封面设计	春天书装	
出版发行	浙江大学出版社	
	（杭州市天目山路 148 号　邮政编码 310007）	
	（网址：http://www.zjupress.com）	
排　版	杭州好友排版工作室	
印　刷	杭州钱江彩色印务有限公司	
开　本	787mm×1092mm　1/16	
印　张	8.75	
字　数	122 千	
版印次	2016 年 9 月第 1 版　2023 年 7 月第 10 次印刷	
书　号	ISBN 978-7-308-16191-6	
定　价	18.00 元	

前　　言

　　本书是依照教育部《高职高专教育专业人才培养目标及规格》及《高职高专教育高等数学课程教学基本要求》，结合高职高专教学改革的经验及当前高职高专数学课程改革的实际进行编写的。

　　本书以知识内容"必需、够用"为原则，以培养学生"可持续发展"为目的；选题重基础，注意知识点的覆盖面；强化基本理论、方法和技能的训练，以此夯实基础；力求符合高职学生掌握高等数学的教学要求，便于任课教师日常教学、布置作业以及学生期末复习，同时对提高运用数学知识及思维方法的能力起到一定的促进作用。

　　本书由浙江工业职业技术学院高华任主编，吴力荣、曹文方、王秀芳任副主编，龚和林任主审。其中第1章至第5章初稿由高华编写并统稿校对，第1章及第5章5.4、5.5由吴力荣修改校对，第2、3章由曹文方修改校对，第4章及第5章5.1、5.2、5.3由王秀芳修改校对。本书在编写过程中，得到浙江大学出版社有关老师的指导和大力支持，在此表示感谢。

　　本书难免有不妥之处，敬请读者谅解并提出宝贵意见，以便我们不断予以完善。

编　者

2016 年 5 月

目　　录

第1章 函数·极限·连续

知识概要

基本概念:函数、定义域、单调性、奇偶性、有界性、周期性、分段函数、反函数、复合函数、基本初等函数、函数的极限、左极限、右极限、数列的极限、无穷小量、无穷大量、等价无穷小、连续性、间断点、第一类间断点、第二类间断点.

基本公式:两个重要极限公式.

基本方法:利用函数的连续性求极限,利用四则运算法则求极限,利用两个重要极限求极限,利用无穷小替换定理求极限,利用分子、分母消去共同的非零公因子求极限,利用分子、分母同除以自变量的最高次幂求极限,利用连续函数的函数符号与极限符号可交换次序的特性求极限,利用"无穷小与有界变量的乘积仍为无穷小量"求极限.

基本定理:左、右极限与极限的关系、极限的四则运算法则、极限与无穷小的关系、无穷小的运算性质、无穷小的替换定理、无穷小与无穷大的关系、初等函数的连续性、闭区间上连续函数的性质.

1.1 初等函数

一、判断题

( )1. $y = 2\cos x$ 是基本初等函数.

( )2. $y = e^x + 2x$ 是基本初等函数.

( )3. $y = \arcsin u, u = 1 + 2x$ 的复合函数是 $y = \arcsin(1 + 2x)$.

( )4. $y = 2e - x^2 + \sin 3x$ 是初等函数.

( )5. $y = \begin{cases} 5, & x \geqslant 0 \\ -3, & x < 0 \end{cases}$ 是初等函数.

二、单选题

( )1. 函数 $y = \cos^2(3x+1)$ 可以分解为

    A. $y = \cos^2 u$, $u = 3x+1$ B. $y = u^2$, $u = \cos(3x+1)$

    C. $y = u^2$, $u = \cos v$, $v = 3x+1$ D. $y = (\cos u)^2$, $u = 3x+1$

学院:＿＿＿＿＿＿＿ 班级:＿＿＿＿＿＿＿ 学号:＿＿＿＿＿ 姓名:＿＿＿＿＿

（　　）2. 函数 $y = \sqrt{\sin(x^2+1)}$ 的复合过程为

　　A. $y = u$,　$u = \sqrt{v}$,　$v = \sin(x^2+1)$

　　B. $y = u$,　$u = \sqrt{\sin v}$,　$v = x^2+1$

　　C. $y = \sqrt{u}$,　$u = \sin(x^2+1)$

　　D. $y = \sqrt{u}$,　$u = \sin v$,　$v = x^2+1$

（　　）3. 函数 $y = (\arctan\dfrac{x+1}{3})^2$ 的复合过程为

　　A. $y = u^2$,　$u = \arctan\dfrac{x+1}{3}$

　　B. $y = u^2$,　$u = \arctan v$,　$v = \dfrac{x+1}{3}$

　　C. $y = \arctan u$,$u = v^2$,　$v = \dfrac{x+1}{3}$

　　D. $y = u^2$,$u = \arctan v$,　$v = \dfrac{w}{3}$,$w = x+1$

（　　）4. 若 $\phi(t) = t^3 + 1$,则 $\phi(t^3+1) =$

　　A. $t^3 + 1$ 　　　　　　　　　　B. $t^6 + 2$

　　C. $t^9 + 2$ 　　　　　　　　　　D. $t^9 + 3t^6 + 3t^3 + 2$

（　　）*5. 函数 $f(x) = \ln(3x+1) + \sqrt{5-2x} + \arcsin x$ 的定义域是

　　A. $(-\dfrac{1}{3}, \dfrac{5}{2})$ 　　B. $(-1, \dfrac{5}{2})$ 　　C. $(-\dfrac{1}{3}, 1]$ 　　D. $(-1,1]$

（　　）*6. 设函数 $g(x) = 1 - 2x, f[g(x)] = \dfrac{1-x^2}{x^2}$,则 $f(\dfrac{1}{2})$ 为

　　A. 30 　　　　　B. 15 　　　　　C. 3 　　　　　D. 1

（　　）7. 在下列函数中,$f(x)$ 与 $g(x)$ 表示同一函数的是

　　A. $f(x) = 1, g(x) = (1-x)^0$ 　　　B. $f(x) = x, g(x) = \dfrac{x^2}{x}$

　　C. $f(x) = \sqrt{x^2}, g(x) = x$ 　　　　D. $f(x) = \sqrt[3]{x^3}, g(x) = x$

（　　）*8. 与函数 $f(x) = 2x$ 的图像完全相同的函数是

　　A. $\ln e^{2x}$ 　　　　　　　　　　B. $\sin(\arcsin 2x)$

　　C. $e^{\ln 2x}$ 　　　　　　　　　　D. $\arcsin(\sin 2x)$

―――――――――

① ＊ 表示选做题,以下同.

学院:＿＿＿＿＿＿＿＿　　班级:＿＿＿＿＿＿＿＿　　学号:＿＿＿＿＿＿＿　　姓名:＿＿＿＿＿＿＿

三、填空题

1. 函数 $y = \sqrt{x^3 - 8}$ 的定义域为 _____．

2. 设函数 $f(x) = \dfrac{x^2}{x-2}$，则 $f(1) =$ _____；$f(-x+1) =$ _____．

3. 若函数 $f(x) = x^2 - x + 1$，则 $f\left(\dfrac{1}{x}\right) =$ _____．

4. 已知函数 $f(x) = \begin{cases} 3x, & |x| > 1 \\ x^2, & |x| < 1 \\ 24, & |x| = 1 \end{cases}$，则 $f(0) =$ _____；$f(1) =$ _____；

$f(-2) =$ _____．

5. 函数 $y = \log_a u, u = \sqrt{v}, v = 2 + t$ 的复合函数是 _____．

6. 函数 $y = (3^x + 2)^{\frac{2}{5}}$ 是由 _____ 与 _____ 复合而成的．

四、设函数 $f(x) = \begin{cases} x^2 + 1, & x < 0 \\ x, & x \geqslant 0 \end{cases}$，作出 $f(x)$ 的图形．

五、函数 $y = \cos^2 \ln(x^2 - 2x + 1)$ 可以看成是哪些简单函数的复合？

六、某饮料厂要生产容积为 V 的圆柱形饮料盒，试建立饮料盒表面积 S 与底面半径 r 之间的函数关系式．

学院：_____　班级：_____　学号：_____　姓名：_____

1.2　极限的概念

一、判断题

(　　)1. 当 $x \to 0^+$ 时,$\ln x$ 的极限不存在.

(　　)2. 若 $f(x)$ 在 x_0 点无定义,则 $\lim\limits_{x \to x_0} f(x)$ 一定不存在.

(　　)3. 若 $\lim\limits_{x \to x_0^-} f(x)$ 和 $\lim\limits_{x \to x_0^+} f(x)$ 都存在,则 $\lim\limits_{x \to x_0} f(x)$ 必存在.

(　　)4. 当 $x \to x_0$ 时,函数 $y = f(x)$ 的极限值不一定是 $f(x_0)$.

(　　)* 5. 函数 $f(x) = \dfrac{|x|}{x}$ 在 $x = 0$ 处的极限不存在.

二、单选题

(　　)1. $\lim\limits_{x \to x_0^-} f(x) = \lim\limits_{x \to x_0^+} f(x)$ 是 $\lim\limits_{x \to x_0} f(x)$ 存在的

    A. 充分非必要条件

    B. 必要非充分条件

    C. 充要条件

    D. 以上都不是

(　　)2. 函数 $f(x)$ 在点 x_0 有定义是 $\lim\limits_{x \to x_0} f(x)$ 存在的

    A. 充分非必要条件

    B. 必要非充分条件

    C. 充要条件

    D. 以上都不是

(　　)3. 数列 $0, \dfrac{1}{3}, \dfrac{2}{4}, \dfrac{3}{5}, \dfrac{4}{6}, \cdots$

    A. 以 0 为极限　　　　　　　　　B. 以 1 为极限

    C. 以 $\dfrac{n-2}{n}$ 为极限　　　　　　D. 不存在极限

(　　)4. 若 $\lim\limits_{x \to x_0} f(x) = 0$,则下列说法一定正确的是

    A. 当 $g(x)$ 为任意函数时,有 $\lim\limits_{x \to x_0} f(x)g(x) = 0$ 成立

    B. 仅当 $\lim\limits_{x \to x_0} g(x) = 0$ 时,才有 $\lim\limits_{x \to x_0} f(x)g(x) = 0$ 成立

    C. 当 $g(x)$ 为有界时,有 $\lim\limits_{x \to x_0} f(x)g(x) = 0$ 成立

    D. 仅当 $g(x)$ 为常数时,才有 $\lim\limits_{x \to x_0} f(x)g(x) = 0$ 成立

学院:＿＿＿＿＿＿　　　班级:＿＿＿＿＿＿　　　学号:＿＿＿＿＿＿　　　姓名:＿＿＿＿＿＿

三、考察下列极限

1. $\lim\limits_{n\to\infty}\dfrac{n+1}{n+2}$

2. $\lim\limits_{n\to\infty}(-1)^{n}\dfrac{1}{n}$

3. $\lim\limits_{x\to\infty}\dfrac{1}{x}$

4. $\lim\limits_{x\to+\infty}\mathrm{e}^{-x}$

* 四、设 $f(x)=\dfrac{\mid x\mid -x}{2x}$，求 $\lim\limits_{x\to0^-}f(x)$ 及 $\lim\limits_{x\to0^+}f(x)$，并说明 $\lim\limits_{x\to0}f(x)$ 是否存在.

学院:＿＿＿＿＿＿　　班级:＿＿＿＿＿＿　　学号:＿＿＿＿＿＿　　姓名:＿＿＿＿＿＿

1.3　极限的运算

一、计算下列极限

1. $\lim\limits_{x \to 2}(6x + 5)$

2. $\lim\limits_{x \to 2}\dfrac{x^2 - 4x + 4}{x - 2}$

3. $\lim\limits_{x \to 0}\dfrac{\sqrt{x + 9} - 3}{x}$

4. $\lim\limits_{x \to \infty}\dfrac{2x^3 + x^2}{3x^3 + x}$

5. $\lim\limits_{x \to 0}\dfrac{\sin 3x}{5x}$

6. $\lim\limits_{x \to 0}\dfrac{\sin 5x}{\sin 7x}$

学院：＿＿＿＿＿＿＿　班级：＿＿＿＿＿＿＿　学号：＿＿＿＿＿＿＿　姓名：＿＿＿＿＿＿＿

7. $\lim\limits_{x \to 0} \dfrac{\sin^2 4x}{x^2}$

8. $\lim\limits_{x \to \infty} \left(1 + \dfrac{3}{x}\right)^{x+1}$

9. $\lim\limits_{x \to \infty} \left(\dfrac{x+2}{x+1}\right)^{2x+1}$

10. $\lim\limits_{x \to 0} \dfrac{\sin 4x}{\sqrt{x+1} - 1}$

*二、已知 $\lim\limits_{x \to 2} \dfrac{x^2 + ax + b}{x^2 - x - 2} = 2$，求 a, b 的值.

学院：＿＿＿＿＿＿＿　班级：＿＿＿＿＿＿＿　学号：＿＿＿＿＿＿＿　姓名：＿＿＿＿＿＿

1.4　无穷小量与无穷大量

一、判断题

(　　)1. 非常小的数就是无穷小量.

(　　)2. 10^{10000} 是一个无穷大量.

(　　)3. $\dfrac{1+x}{x^2+3x}$ 是 $x \to \infty$ 时的无穷小量.

(　　)4. 当 $x \to \infty$ 时, e^{-x} 是一个无穷大量.

(　　)* 5. $\sin x$ 与 x 是等价无穷小.

二、单选题

(　　)1. 函数 $y = \cos \dfrac{1}{x}$ 为无穷小量的条件是

  A. $x \to \infty$ B. $x \to 0$ C. $x \to \dfrac{\pi}{2}$ D. $x \to \dfrac{2}{\pi}$

(　　)2. 无穷小量是

  A. 比零稍大一点的一个数   B. 一个很小很小的数

  C. 以零为极限的一个变量   D. 数零

(　　)3. 无穷多个无穷小量之和

  A. 必是无穷小量　B. 必是无穷大量

  C. 必是有界量　D. 是无穷小量,或是无穷大量,或有可能是有界变量

(　　)4. 按给定的 x 的变化趋势,下列函数为无穷小量的是

  A. $\dfrac{x^2}{\sqrt{x^4 - x + 1}}\,(x \to +\infty)$ B. $\left(1 + \dfrac{1}{x}\right)^x - 1\,(x \to \infty)$

  C. $1 - 2^{-x}\,(x \to 0)$ D. $\dfrac{x}{\sin x}\,(x \to 0)$

(　　)* 5. 当 $x \to 0$ 时,下列与 x 同阶(不等价)的无穷小量是

  A. $\sin x - x$ B. $\ln(1-x)$ C. $x^2 \sin x$ D. $\mathrm{e}^x - 1$

三、计算极限 $\lim\limits_{x \to 0} \dfrac{\sin x \tan 2x}{1 - \cos x}$.

* 四、证明当 $x \to 0$ 时, $x^2 - 3x^3 \sim x^2$.

学院:＿＿＿＿＿＿＿　　班级:＿＿＿＿＿＿＿　　学号:＿＿＿＿＿＿＿　　姓名:＿＿＿＿＿＿＿

*1.5　函数的连续性与间断点

一、填空题

1. 函数 $f(x) = \begin{cases} x, & x < 1 \\ x-1, & 1 \leqslant x < 2 \\ 3-x, & x \geqslant 2 \end{cases}$ 的不连续点为_____.

2. 函数 $f(x) = \dfrac{1}{x^2 - 1}$ 的连续区间是_____.

3. $f(x) = \begin{cases} ax + b, & x \geqslant 0 \\ (a+b)x^2 + x, & x < 0 \end{cases}$，$(a+b) \neq 0$ 在 $x = 0$ 连续的充要条件是 $b = $_____.

4. 函数 $f(x) = \mathrm{e}^{\frac{1}{x}}$ 的不连续点是_____.

5. 函数 $f(x) = \sin\dfrac{1}{x}$ 的不连续点是_____.

6. 已知 $f(x) = (1-x)^{\frac{1}{x}}$，为使 $f(x)$ 在 $x = 0$ 处连续，则应补充定义 $f(0) = $_____.

7. 函数 $f(x) = \begin{cases} \dfrac{1-x^2}{1+x}, & x \neq -1 \\ A, & x = -1 \end{cases}$，当 $A = $_____ 时，函数 $f(x)$ 连续.

8. $f(x) = \begin{cases} \mathrm{e}^{-\frac{1}{x^2}}, & x \neq 0 \\ a, & x = 0 \end{cases}$，$\lim\limits_{x \to 0} f(x) = $_____；若 $f(x)$ 无间断点，则 $a = $_____.

9. 函数 $f(x) = \dfrac{x^2 - 1}{x^2 - 3x + 2}$ 的间断点有_____.

10. 函数 $f(x) = \sqrt{4-x}\ln(x-1)$ 的连续区间是_____.

二、单选题

(　　)1. 设 $f(x)$ 在 $\mathbf{R}$ 上有定义，函数 $f(x)$ 在点 x_0 左、右极限都存在且相等是函数 $f(x)$ 在点 x_0 连续的

　　A. 充分条件　　　　　　　　B. 充分且必要条件

　　C. 必要条件　　　　　　　　D. 非充分也非必要条件

(　　)2. 若函数 $f(x) = \begin{cases} x^2 + a, & x \geqslant 1 \\ \cos \pi x, & x < 1 \end{cases}$ 在 $\mathbf{R}$ 上连续，则 a 的值为

　　A. 0　　　　　　B. 1　　　　　　C. -1　　　　　　D. -2

学院：_____　　班级：_____　　学号：_____　　姓名：_____

（　　）3. 若函数 $f(x)$ 在某点 x_0 极限存在，则

  A. $f(x)$ 在 x_0 的函数值必存在且等于极限值

  B. $f(x)$ 在 x_0 的函数值必存在，但不一定等于极限值

  C. $f(x)$ 在 x_0 的函数值可以不存在

  D. 如果 $f(x_0)$ 存在的话，必等于极限值

（　　）4. 在函数 $f(x)$ 的可去间断点 x_0 处，下面结论正确的是

  A. 函数 $f(x)$ 在点 x_0 处左、右极限至少有一个不存在

  B. 函数 $f(x)$ 在点 x_0 处左、右极限存在，但不相等

  C. 函数 $f(x)$ 在点 x_0 处左、右极限存在且相等

  D. 函数 $f(x)$ 在点 x_0 处左、右极限都不存在

（　　）5. 设函数 $f(x) = \begin{cases} \dfrac{\sin x}{x}, & x \neq 0 \\ 0, & x = 0 \end{cases}$，则点 0 是函数 $f(x)$ 的

  A. 第一类间断点　　B. 第二类间断点　　C. 可去间断点　　D. 连续点

（　　）6. 如果 $\lim\limits_{x \to x_0^+} f(x)$ 与 $\lim\limits_{x \to x_0^-} f(x)$ 存在，则

  A. $\lim\limits_{x \to x_0} f(x)$ 存在且 $\lim\limits_{x \to x_0} f(x) = f(x_0)$

  B. $\lim\limits_{x \to x_0} f(x)$ 存在，但不一定有 $\lim\limits_{x \to x_0} f(x) = f(x_0)$

  C. $\lim\limits_{x \to x_0} f(x)$ 不一定存在

  D. $\lim\limits_{x \to x_0} f(x)$ 一定不存在

（　　）7. 设 $f(x) = \begin{cases} e^x, & x < 0 \\ a + x, & x \geqslant 0 \end{cases}$，要使 $f(x)$ 在 $x = 0$ 处连续，则 $a =$

  A. 2　　　　　　　　B. 1　　　　　　　　C. 0　　　　　　　　D. -1

（　　）8. 设 $f(x) = \begin{cases} \dfrac{1}{x} \sin \dfrac{x}{3}, & x \neq 0 \\ a, & x = 0 \end{cases}$，若 $f(x)$ 在 $(-\infty, +\infty)$ 上是连续函数，

  则 $a =$

  A. 0　　　　　　　　B. 1　　　　　　　　C. $\dfrac{1}{3}$　　　　　　　　D. 3

（　　）9. 点 $x = 1$ 是函数 $f(x) = \begin{cases} 3x - 1, & x < 1 \\ 1, & x = 1 \\ 3 - x, & x > 1 \end{cases}$ 的

  A. 连续点　　　　　　　　　　　　B. 第一类非可去间断点

  C. 可去间断点　　　　　　　　　　D. 第二类间断点

学院：＿＿＿＿＿＿＿＿＿＿　班级：＿＿＿＿＿＿＿＿＿＿　学号：＿＿＿＿＿＿＿＿＿＿　姓名：＿＿＿＿＿＿＿＿＿＿

（　　）10. 方程 $x^4 - x - 1 = 0$ 至少有一个根的区间是

　　A. $\left(0, \dfrac{1}{2}\right)$　　　B. $\left(\dfrac{1}{2}, 1\right)$　　　C. $(1, 2)$　　　D. $(2, 3)$

三、解答题

1. 讨论函数 $f(x) = \begin{cases} x - 1, & x \leqslant 0 \\ x^2, & x > 0 \end{cases}$ 在 $x = 0$ 处的连续性.

2. 当 a 为何值时,函数 $f(x) = \begin{cases} \dfrac{x^2 - 1}{x - 1}, & x \neq 1 \\ a, & x = 1 \end{cases}$ 在 $x = 1$ 处连续.

3. 找出函数 $f(x) = \dfrac{x^2 - 1}{x^2 - 3x + 2}$ 的间断点,并指出其类型.

学院：_____　　班级：_____　　学号：_____　　姓名：_____

自测题 1

（总分 100 分，时间 90 分钟）

一、判断题（对的画"√"，错的画"×"，每小题 2 分，共 20 分）

（　　）1. 函数 $y = \ln x^2$ 与 $y = 2\ln x$ 是同一个函数.

（　　）2. 复合函数 $y = \sin(x + 1)$ 可以分解为 $y = \sin u, u = x + 1$.

（　　）3. 因为 $\lim\limits_{x \to x_0} f(x)$ 存在，所以 $f(x)$ 在 x_0 点必有定义.

（　　）4. 当 $x \to x_0$ 时，函数 $y = f(x)$ 的极限值不一定是 $f(x_0)$.

（　　）5. 10^{10000} 是无穷大量.

（　　）6. 在同一变化过程中，无穷小量的倒数是无穷大量.

（　　）7. $\lim\limits_{x \to 1} \dfrac{x^2 - x}{x^2 + x} = 0$.

（　　）8. $\lim\limits_{x \to +\infty} \dfrac{\cos x}{x} = 1$.

（　　）9. $\lim\limits_{x \to 0} \left(1 + \dfrac{1}{x}\right)^x = \mathrm{e}$.

（　　）10. $\lim\limits_{x \to 0} \dfrac{\sin x}{x} = 1$.

二、单选题（每小题 2 分，共 10 分）

（　　）1. $\lim\limits_{x \to 1} \dfrac{\sin(1 - x)}{1 - x^2} =$

　　　　A. 1　　　　　　B. 0　　　　　　C. $\dfrac{1}{2}$　　　　　　D. ∞

（　　）2. 极限 $\lim\limits_{x \to 3}(2x - 3)$ 的值为

　　　　A. 0　　　　　　B. 3　　　　　　C. 6　　　　　　D. 9

（　　）3. 下列命题错误的是

　　　　A. 两个无穷小之商是无穷小　　　　B. 有限个无穷小的乘积仍是无穷小

　　　　C. 常数与无穷小的乘积是无穷小　　D. 有界函数与无穷小的乘积是无穷小

（　　）4. 若函数 $f(x) = \dfrac{|x| - x}{5x}$，则 $\lim\limits_{x \to 0} f(x) =$

　　　　A. 不存在　　　　B. -1　　　　C. 1　　　　D. 0

学院：＿＿＿＿＿＿＿　　班级：＿＿＿＿＿＿＿　　学号：＿＿＿＿＿＿　　姓名：＿＿＿＿＿＿

( ) *5. 函数 $y = f(x)$ 在点 x_0 处连续,则

    A. 函数 $y = f(x)$ 在 x_0 的一个邻域内有定义

    B. $\lim\limits_{x \to x_0} f(x)$ 存在

    C. 极限值等于点 x_0 处的函数值 $f(x_0)$,即 $\lim\limits_{x \to x_0} f(x) = f(x_0)$

    D. $y = f(x)$ 在 x_0 点无定义

三、填空题(每小题 2 分,共 20 分)

1. 函数 $y = 3\ln(x-2)$ 的定义域为_____ .

2. 设 $f(x) = \begin{cases} 3x^2 - 5, & x > 0 \\ x^3 + 4\sin x, & x \leqslant 0 \end{cases}$,则 $f(2) = $ _____ .

3. 若函数 $f(x) = \dfrac{x}{1+x}$,则 $f(1 + 2x) = $ _____ .

4. 由函数 $y = u^3, u = \sin x$ 复合而成的函数为_____ .

5. $\lim\limits_{x \to 0} x \sin \dfrac{1}{x} = $ _____ .

6. $\lim\limits_{x \to \infty} (1 + \dfrac{2}{x})^x = $ _____ .

7. $\lim\limits_{x \to 2} \dfrac{x^2 - 4}{2 - x} = $ _____ .

*8. 已知函数 $f(x) = \begin{cases} x^2 + 2, & x \neq 0 \\ 1, & x = 0 \end{cases}$,则 $\lim\limits_{x \to 0} f(x) = $ _____ .

*9. 函数 $y = \dfrac{x+1}{x^2 + 3x + 2}$ 的可去间断点是 $x = $ _____ .

*10. 函数 $f(x) = \begin{cases} 2 - x, & x \leqslant 1 \\ x + 1, & x > 1 \end{cases}$ 在 $x = 1$ 处的极限_____ .

四、计算与解答题(共 50 分)

1. 求下列函数的极限(每小题 5 分,共 30 分)

(1) $\lim\limits_{x \to 1} \dfrac{2x + 6}{x^2 + x + 2}$ (2) $\lim\limits_{x \to 2} \dfrac{x^2 - x - 2}{x - 2}$

学院:_____ 班级:_____ 学号:_____ 姓名:_____

（3）$\lim\limits_{x\to\infty}\dfrac{x^2-3x+6}{3x^2-2}$　　　　　　（4）$\lim\limits_{x\to\infty}\left(1+\dfrac{3}{x}\right)^{4x}$

（5）$\lim\limits_{x\to0}\dfrac{\tan 5x}{\tan 3x}$　　　　　　　　（6）$\lim\limits_{x\to0}\dfrac{\sqrt{1+x}-1}{\sin x}$

*2. 设函数 $f(x)=\begin{cases}x\sin\dfrac{1}{x}\,,&x>0\\a+x^2\,,&x\leqslant0\end{cases}$ ，试确定 a 值，使 $f(x)$ 在 $(-\infty,+\infty)$ 内连续.（8分）

*3. 讨论函数 $f(x)=\begin{cases}x+2,x\geqslant0\\x-2,x<0\end{cases}$ 在 $x=0$ 处的连续性.（6分）

*4. 证明方程 $x^3-4x^2+1=0$ 在$(0,1)$内至少有一个实根.（6分）

学院：＿＿＿＿＿＿　　班级：＿＿＿＿＿＿　　学号：＿＿＿＿＿　　姓名：＿＿＿＿＿

自测题 1 答题页

一、判断题(每小题 2 分,共 20 分)

题号	1	2	3	4	5	6	7	8	9	10
答案										

二、单选题(每小题 2 分,共 10 分)

题号	1	2	3	4	5
答案					

三、填空题(每小题 2 分,共 20 分)

1. _____　2. _____　3. _____　4. _____

5. _____　6. _____　7. _____　8. _____

9. _____　10. _____

四、计算与解答题(共 50 分)

(30 分)1. 解:(1)　　　　　　　(2)　　　　　　　(3)

　　　　　　　(4)　　　　　　　(5)　　　　　　　(6)

(8 分)2. 解:

(6 分)3. 解:

(6 分)4. 解:

学院:_____　班级:_____　学号:_____　姓名:_____

第 2 章　导数与微分

知识概要

　　基本概念：导数、左右导数、变化率、切线、法线、高阶导数、线性主部、微分.

　　基本公式：基本导数表、微分公式、微分近似公式.

　　基本方法：利用导数定义求导数，利用导数公式与求导法则求导数，利用复合函数求导法则求导数，隐函数微分法，参数方程微分法，对数求导法，利用微分运算法则求微分与导数.

　　基本法则：求导法则、微分法则.

2.1　导数的概念

一、判断题

（　　）1. $f'(x_0) = [f(x_0)]'$.

（　　）2. 若曲线 $y = f(x)$ 在点 $(x_0, f(x_0))$ 处有切线，则 $f'(x_0)$ 一定存在.

（　　）3. 若 $y = f(x)$ 在 $x = x_0$ 处连续，则 $f'(x_0)$ 一定存在.

（　　）4. 函数 $f(x) = |x - 3|$ 在 $x = 3$ 处不可导.

二、单选题

（　　）1. 设曲线 $y = x^2 - x$ 上点 M 处的切线的斜率为 1，则点 M 的坐标为

　　A. $(0, 1)$　　　　B. $(1, 0)$　　　　C. $(1, 1)$　　　　D. $(0, 0)$

（　　）2. 曲线 $y = x^{\frac{1}{3}}$ 在点 $(0, 0)$ 处的切线为

　　A. 不存在　　　　B. $y = \dfrac{1}{3} x^{\frac{1}{3}}$　　　C. $y = 0$　　　D. $x = 0$

（　　）3. $y = f(x)$ 在点 x_0 处连续是 $y = f(x)$ 在点 x_0 处可导的

　　A. 充分条件且非必要条件　　　　B. 必要条件且非充分条件

　　C. 充分必要条件　　　　　　　　D. 既不是充分条件也不是必要条件

（　　）4. $y = f(x)$ 在点 x_0 处可导是 $y = f(x)$ 在点 x_0 处连续的

　　A. 充分条件且非必要条件　　　　B. 必要条件且非充分条件

　　C. 充分必要条件　　　　　　　　D. 既不是充分条件也不是必要条件

学院：＿＿＿＿＿＿＿　　班级：＿＿＿＿＿＿＿　　学号：＿＿＿＿＿＿＿　　姓名：＿＿＿＿＿＿＿

（　　）5. 曲线 $y = f(x)$ 在点 $M_0(x_0, y_0)$ 处的切线斜率存在是 $y = f(x)$ 在点 x_0 处可导的

    A. 充分条件且非必要条件　　　　B. 必要条件且非充分条件

    C. 充分必要条件　　　　　　　　D. 既不是充分条件也不是必要条件

*三、填空题

1. 设 $f(x)$ 在 x_0 处可导，则 $\lim\limits_{\Delta x \to 0} \dfrac{f(x_0 - \Delta x) - f(x_0)}{\Delta x} = $ _____ .

2. 如果 $f'(0) = \dfrac{1}{2}$，并且 $f(0) = 0$，则 $\lim\limits_{x \to 0} \dfrac{f(x)}{x} = $ _____ .

3. 若 $f(2) = 1, f'(2) = 3$，则 $\lim\limits_{x \to 2} f(x) = $ _____ .

4. 已知函数 $f(x) = \begin{cases} x^2, & x \geqslant 0 \\ -x^2, & x < 0 \end{cases}$，则 $f'(0) = $ _____ .

四、解答题

*1. 设 $f(x) = 6x^2$，试用导数定义求 $f'(-1)$.

2. 已知物体的运动规律为 $s(t) = t^3 (\mathrm{m})$，利用 $(t^3)' = 3t^2$，求该物体在 $t = 2\mathrm{s}$ 时的瞬时速度.

学院：_____　　班级：_____　　学号：_____　　姓名：_____

3. 已知结论 $(\cos x)' = -\sin x$,求曲线 $y = \cos x$ 上点 $(\frac{\pi}{3}, \frac{1}{2})$ 处的切线方程和法线方程.

4. 利用结论 $(\ln x)' = \dfrac{1}{x}$ 求曲线 $y = \ln x$ 在点 $(\mathrm{e}, 1)$ 处的切线方程和法线方程.

*5. 已知 $f(x) = \begin{cases} x^3, & x \geqslant 0 \\ -x, & x < 0 \end{cases}$,求 $f'_+(0)$ 及 $f'_-(0)$,并判定 $f'(0)$ 是否存在.

学院：_____　班级：_____　学号：_____　姓名：_____

2.2 函数求导法则及基本公式

一、判断题

( )1. 抛物线 $y = x^2$ 上点 $(1,1)$ 处的切线方程为 $y - 1 = 2x(x - 1)$.

( )2. $(\sin \frac{\pi}{3})' = \cos \frac{\pi}{3}$.

( )3. 设 $f(x) = x^2$,因为 $f(2) = 4$,所以 $f'(2) = 4' = 0$.

( )4. $(e^x \cdot \sin x)' = e^x \cos x$.

( )5. $\left(\dfrac{\cos x}{x^2}\right)' = \dfrac{(\cos x)'}{(x^2)'} = -\dfrac{\sin x}{2x}$.

二、单选题

( ) 1. 设 $y = \dfrac{x}{1 + x^2}$,则 $y' =$

    A. $\dfrac{1}{(1 + x^2)^2}$ B. $\dfrac{1 - x^2}{(1 + x^2)^2}$ C. $\dfrac{-x^2}{(1 + x^2)^2}$ D. $\dfrac{1 - 2x^2}{(1 + x^2)^2}$

( ) 2. 设 $y = \dfrac{2}{x^3 - 1}$,则 $y' =$

    A. $\dfrac{6x^2}{(x^3 - 1)^2}$ B. $-\dfrac{6x^2}{(x^3 - 1)^2}$

    C. $\dfrac{x^2}{(x^3 - 1)^2}$ D. $-\dfrac{x^2}{(x^3 - 1)^2}$

( ) 3. 设 $y = x\ln x$,则 $y' =$

    A. 1 B. $\dfrac{1}{x}$ C. $\ln x$ D. $1 + \ln x$

三、填空题

1. 设 $y = \sqrt{x} + \sin \sqrt{2}$,则 $y' = $ _____.

2. 已知 $y = x(x^2 + \dfrac{1}{x} + \dfrac{1}{x^2})$,则 $y' = $ _____.

3. 如果 $y = \dfrac{x^2 + 3x + 2}{x}$,则 $y' = $ _____.

4. 已知 $y = \dfrac{\sqrt[3]{x}}{x^3 \sqrt{x}}$,则 $y' = $ _____.

5. 设 $y = \log_2 x + 5^x$,则 $y' = $ _____.

学院:_____ 班级:_____ 学号:_____ 姓名:_____

6. 已知 $y = \mathrm{e}^x \cos x$，则 $y' = $ _____．

7. 设 $y = (1 + x^2)(1 - \dfrac{1}{x^2})$，则 $y'|_{x=1} = $ _____，$y'|_{x=-1} = $ _____．

8. 已知 $y = \mathrm{e}^{2x}$，则 $y^{(n)} = $ _____．

9. 若 $y = 3^x 2^x + \ln 6$，则 $\dfrac{\mathrm{d}y}{\mathrm{d}x} = $ _____．

四、求下列函数的导数

1. $y = 3x^3 - 4^x + 5\mathrm{e}^x$

2. $y = \dfrac{5}{x^3} - \dfrac{3}{x} + 15$

3. $y = x^2 \arctan x$

4. $y = 2\mathrm{e}^x \sin x$

5. $y = \dfrac{\ln x}{x^2}$

6. $y = x^3 \ln x \cdot \sin x$

五、求下列函数的二阶导数

1. $y = x^3 - \mathrm{e}^x - 5$

2. $y = \cos x - \sin x$

学院：_____　班级：_____　学号：_____　姓名：_____

2.3　复合函数的导数

一、判断题

(　　)1. $(\mathrm{e}^{-x})' = \mathrm{e}^{-x}$.

(　　)2. $\dfrac{\mathrm{d}\mathrm{e}^{x^2}}{\mathrm{d}x} = (\mathrm{e}^{x^2})' \cdot (x^2)'$.

(　　)3. $(\arctan \sqrt{x})' = \dfrac{1}{2(1+x)\sqrt{x}}$.

(　　)4. $(\mathrm{e}^{2x})'' = \mathrm{e}^{2x}$.

二、单选题

(　　)1. 设 $y = \dfrac{1}{\sqrt{a^2 - x^2}}$，则 $\dfrac{\mathrm{d}y}{\mathrm{d}x} =$

  A. $-\dfrac{\sqrt{a^2 - x^2}}{x}$ B. $\dfrac{1}{2}(a^2 - x^2)^{\frac{3}{2}}$

  C. $x(a^2 - x^2)^{-\frac{3}{2}}$ D. $-\dfrac{1}{2}(a^2 - x^2)^{\frac{3}{2}}$

(　　)2. 设 $y = \sin x^2 + \sin \dfrac{1}{x^2}$，则 $y' =$

  A. $2x\cos x^2 - \dfrac{2}{x^3}\cos \dfrac{1}{x^2}$ B. $2x\cos x^2 + \dfrac{2}{x^3}\cos \dfrac{1}{x^2}$

  C. $\sin 2x + \cos \dfrac{1}{x^2}$ D. $\sin 2x - \dfrac{2}{x^3}\cos \dfrac{1}{x^2}$

(　　)3. 设 $f(x) = \ln x^3 + \mathrm{e}^{3x}$，则 $f'(1) =$

  A. 0 B. e^3 C. $3 + 3\mathrm{e}^3$ D. $3\mathrm{e}^3$

(　　)* 4. 设 $f(x) = \arcsin \sqrt{x} + \arctan \dfrac{1}{x}$，则 $f'(x) =$

  A. $\dfrac{1}{\sqrt{1-x}} + \dfrac{x}{1+x^2}$ B. $\dfrac{1}{\sqrt{1-x}} - \dfrac{1}{1+x^2}$

  C. $\dfrac{1}{2\sqrt{x - x^2}} + \dfrac{1}{1+x^2}$ D. $\dfrac{1}{2\sqrt{x - x^2}} - \dfrac{1}{1+x^2}$

(　　)* 5. 设 $f(x) = \ln\cos \dfrac{1}{x}$，则 $f'\left(\dfrac{4}{\pi}\right) =$

  A. 1 B. -1 C. $\dfrac{\pi^2}{16}$ D. $-\dfrac{\pi^2}{16}$

学院：＿＿＿＿＿＿＿　　班级：＿＿＿＿＿＿＿　　学号：＿＿＿＿＿＿＿　　姓名：＿＿＿＿＿＿

三、填空题

1. 已知 $y = \sin(3x+2)$，则 $y' = $ _____ ．

2. 设 $y = e^{2x} + e^{-x}$，则 $y' = $ _____ ．

3. 若 $y = e^{-x}\cos x$，则 $y' = $ _____ ．

4. * 设 $y = \sec(x^2+1)$，则 $y' = $ _____ ．

5. 如果 $y = (\arcsin x)^2$，则 $y' = $ _____ ．

6. * 设 $y = x\arccos x - \sqrt{1-x^2}$，则 $y' = $ _____ ．

7. 若 $y = \sqrt{1+\ln^2 x}$，则 $y'\,|_{x=e} = $ _____ ．

8. 已知 $y = \ln\tan x$，则 $y'\,|_{x=\frac{\pi}{12}} = $ _____ ．

四、求下列函数的导数

1. $y = (3x+4)^5$

2. $y = \sin(3-5x)$

3. $y = e^{-5x^3}$

4. $y = \ln(1+x^3)$

5. $y = \cos^3 x$

6. $y = \sqrt{1-x^2}$

*7. $y = (\arcsin 2x)^3$

8. $y = \ln\sin 2x$

* 五、若函数 $y = f(x)$ 可导，求下列函数的导数.

1. $y = \sin[f(x)] + \cos[f(x)]$

2. $y = f^2(x)$

学院：_____　班级：_____　学号：_____　姓名：_____

*2.4　隐函数的导数及参数方程确定的函数的导数

一、判断题

（　　）1. 设 $\begin{cases} x = 1 - t \\ y = t - t^2 \end{cases}$，则 $\dfrac{\mathrm{d}y}{\mathrm{d}x} = 2t - 1$.

（　　）2. 设 $y = x\mathrm{e}^y$，则 $y' = \mathrm{e}^y + x\mathrm{e}^y = (1 + x)\mathrm{e}^y$.

二、填空题

1. $\sin x = \cos y$ 在点 $\left(-\dfrac{\pi}{6}, \dfrac{2\pi}{3}\right)$ 处的导数是 _____.

2. $\left(x + \dfrac{1}{x}\right)\left(y + \dfrac{1}{y}\right) = -\dfrac{25}{4}$ 在点 $(2, -2)$ 处的导数等于 _____.

3. 设 $\begin{cases} x = \sin t + 2 \\ y = 1 - t \end{cases}$，则 $\dfrac{\mathrm{d}y}{\mathrm{d}x} =$ _____.

三、单选题

（　　）1. 设 $\begin{cases} x = 2t \\ y = 3t^2 \end{cases}$，则 $\dfrac{\mathrm{d}y}{\mathrm{d}x} =$

　　A. $-3t$ 　　　　　　B. $-\dfrac{1}{3t}$ 　　　　　　C. $3t$ 　　　　　　D. $\dfrac{1}{3t}$

（　　）2. 设 $\mathrm{e}^y = xy$，则 $y' =$

　　A. $\dfrac{y}{1 - x}$ 　　　　B. $-\dfrac{y}{\mathrm{e}^y - x}$ 　　　　C. $\dfrac{y}{\mathrm{e}^y - x}$ 　　　　D. $\dfrac{1}{\mathrm{e}^y - 1}$

（　　）3. 设 $y + x\mathrm{e}^y = 0$，则 $\dfrac{\mathrm{d}y}{\mathrm{d}x} =$

　　A. $-\dfrac{\mathrm{e}^y}{1 + x\mathrm{e}^y}$ 　　B. $\dfrac{\mathrm{e}^y}{1 + x\mathrm{e}^y}$ 　　C. $\dfrac{1 + x\mathrm{e}^y}{\mathrm{e}^y}$ 　　D. $-\dfrac{1 + x\mathrm{e}^y}{\mathrm{e}^y}$

（　　）4. $x^3 + y^3 = 4xy$ 在点 $(2, 2)$ 处的导数等于

　　A. -3 　　　　　　B. -2 　　　　　　C. -1 　　　　　　D. 1

（　　）5. 设 $y = x^{\frac{1}{x}}(x > 0)$，则 $y' =$

　　A. $(1 - \ln x)x^{\frac{1}{x} - 2}$ 　B. $\dfrac{\ln x - 1}{x^2} \cdot x^{\frac{1}{x}}$ 　C. $\dfrac{1 - \ln x}{x^2}$ 　D. $\dfrac{1}{x^2} \cdot x^{\frac{1}{x}}$

（　　）6. 设 $y = x^{\ln x}(x > 0)$，则 $y' =$

　　A. $x^{\ln x - 1} \cdot \ln x^2$ 　　B. $\ln x \cdot x^{\ln x - 1}$ 　　C. $x^{\ln x - 1} \cdot \ln \sqrt{x}$ 　D. $\dfrac{x^{\ln x - 1}}{\ln x + 1}$

学院：_____　　班级：_____　　学号：_____　　姓名：_____

(　　)7. 设 $y = \dfrac{\sqrt{x+2}\,(3-x)^4}{(x+1)^5}$，则 $y' =$

　　A. $\left[\dfrac{1}{2(x+2)} + \dfrac{4}{3-x} - \dfrac{5}{x+1}\right] \cdot \dfrac{\sqrt{x+2}\,(3-x)^4}{(x+1)^5}$

　　B. $\left[\dfrac{1}{2(x+2)} - \dfrac{4}{3-x} - \dfrac{5}{x+1}\right] \cdot \dfrac{\sqrt{x+2}\,(3-x)^4}{(x+1)^5}$

　　C. $\dfrac{(3-x)^3 \cdot (x^2 - 32x - 73)}{\sqrt{x+2}\,(x+1)^6}$

　　D. $\dfrac{(3-x)^2 (x^2 - 32x - 73)}{\sqrt{x+2}\,(x+1)^6}$

四、求由下列方程所确定的隐函数的导数.

1. $y^3 - 5xy^2 + x - 7 = 0$

2. $xy^2 - e^{x+y} = 0$

五、用取对数求导法求函数 $y = \left(\dfrac{x}{2+x}\right)^x$ 的导数 $\dfrac{dy}{dx}$.

六、已知 $\begin{cases} x = e^{2t}\cos t \\ y = e^t \sin t \end{cases}$，求 $\dfrac{dy}{dx}\Big|_{t=\frac{\pi}{4}}$.

学院：＿＿＿＿＿＿　　班级：＿＿＿＿＿＿　　学号：＿＿＿＿＿＿　　姓名：＿＿＿＿＿＿

2.5　函数的微分

一、判断题

(　)1. 函数 $f(x)$ 在点 x 可微 $\Leftrightarrow f(x)$ 在点 x 可导.

(　)2. 函数 $f(x)$ 导数 $f'(x)$ 与微分 $f'(x)\Delta x$ 都跟 x 和 Δx 有关.

(　)3. 导数 $f'(x_0) > 0$,则微分 $f'(x_0)\Delta x > 0$.

(　)4. 若函数 $f(x)$ 在 x_0 可微,则 $f(x)$ 在 x_0 连续.

二、单选题

(　)1. 函数 $y = x^3 - x$,在 $x = 2, \Delta x = 1$ 时的 Δy 及 $\mathrm{d}y$ 分别等于

　　A. $18, 11$ 　　　　B. $24, 11$ 　　　　C. $24, 24$ 　　　　D. $18, 24$

(　)2. 若 $\mathrm{d}(\qquad) = \dfrac{\mathrm{d}x}{\sqrt{x}}$,则应填入的函数是

　　A. $-\dfrac{2}{3}x^{-\frac{3}{2}} + C$ 　B. $-\dfrac{1}{2}x^{-\frac{3}{2}} + C$ 　C. $\dfrac{\sqrt{x}}{2} + C$ 　　　D. $2\sqrt{x} + C$

(　)3. 若 $\mathrm{d}(\qquad) = \dfrac{\mathrm{d}x}{x^2}$,则应填入的函数是

　　A. $\dfrac{1}{x} + C$ 　　　　B. $-\dfrac{1}{x} + C$ 　　C. $-\dfrac{2}{x^3} + C$ 　　D. $-\dfrac{1}{3}x^{-3} + C$

三、填空题

1. 设 $y = 2x + 5$,则当 x 从 0 变到 0.02 时的微分 $\mathrm{d}y =$ _____.

2. 如果 $y = x^2 + 2x + 1$,则当 x 从 2 变到 1.99 时的微分 $\mathrm{d}y =$ _____.

3. 若 $y = \arcsin\sqrt{x}$,则 $\mathrm{d}y \mid_{x=\frac{1}{4}} =$ _____.

4. 已知 $y = (\mathrm{e}^x + \mathrm{e}^{-x})^{\frac{3}{2}}$,则 $\mathrm{d}y \mid_{x=0} =$ _____.

5. 当 $\mid x \mid$ 很小时,

(1) 由近似公式 $(1+x)^\alpha \approx 1 + \alpha x$,得 $\sqrt{1.02} \approx$ _____,$\sqrt[3]{1010} \approx$ _____.

(2) 由近似公式 $\ln(1+x) \approx x$,得 $\ln 0.995 \approx$ _____.

(3) 由近似公式 $\sin x \approx x$,得 $\sin 20' \approx$ _____.

(4) 由近似公式 $\mathrm{e}^x \approx 1 + x$,得 $\mathrm{e}^{-0.05} \approx$ _____.

6. 已知 $y = x^3$ 在 $x = 2$ 处 $\Delta x = 0.01$,则 $\Delta y =$ _____,$\mathrm{d}y =$ _____.

7. $\mathrm{d}(x^5 + 3) =$ _____.

8. $2x^2\mathrm{d}x = \mathrm{d}$ _____.

9. 设 $y = \mathrm{e}^x + \sqrt{2}$,则 $\mathrm{d}y =$ _____.

学院:_____　　班级:_____　　学号:_____　　姓名:_____

四、求下列函数的微分

1. $y = x^2 + \cos 3x$

2. $y = \mathrm{e}^x \sin x$

3. $y = \arcsin \mathrm{e}^{4x}$

4. $y = \mathrm{e}^{2x} \cos 5x$

﹡五、利用微分求下列各式的近似值

1. $\sin 29°$

2. $\sqrt[3]{1.02}$

学院：＿＿＿＿＿＿　班级：＿＿＿＿＿＿　学号：＿＿＿＿＿　姓名：＿＿＿＿＿

自测题 2

（总分 100 分，时间 90 分钟）

一、判断题（对的画"√"，错的画"×"，每小题 2 分，共 20 分）

（　　）1. 函数 $y = f(x)$ 在点 x_0 处的导数 $f'(x_0)$ 表示该点处切线的斜率.

（　　）2. 若 $u(x), v(x)$ 均为可导函数，则 $[u(x)v(x)]' = u'(x)v(x) + u(x)v'(x)$.

（　　）3. $\left(\dfrac{u(x)}{v(x)}\right)' = \dfrac{u'(x)v(x) + u(x)v'(x)}{[v(x)]^2}, (v(x) \neq 0)$.

（　　）4. 若函数 $y = 4x^3 + \ln 2$，则 $y' = 12x^2 + \dfrac{1}{2}$.

（　　）5. $(\sin x)' = \cos x$.

（　　）6. $(\arctan x)' = \dfrac{1}{1+x^2}$.

（　　）7. $(\arcsin x)' = \dfrac{1}{\sqrt{1-x^2}}$.

（　　）8. $(\mathrm{e}^{3x})' = \mathrm{e}^{3x}$.

（　　）9. $(x^x)' = xx^{x-1}$.

（　　）10. $(\dfrac{1}{x})' = \ln|x|$.

二、单选题（每小题 2 分，共 10 分）

（　　）1. 若 $f(x) = 2ax^2$ 且 $f'(x) = 8x$，则 a 的值为

　　A. 1　　　　　　B. 2　　　　　　C. 3　　　　　　D. 4

（　　）2. 下列等式中错误的是

　　A. $\sin x\,\mathrm{d}x = \mathrm{d}\cos x$　　　　　　B. $x\,\mathrm{d}x = \dfrac{1}{2}\mathrm{d}x^2$

　　C. $\mathrm{d}x = \mathrm{d}(x+1)$　　　　　　D. $\mathrm{e}^x\,\mathrm{d}x = \mathrm{d}\mathrm{e}^x$

（　　）3. 若 $f(x) = x + 2\mathrm{e}^x$，则 $f'(0) =$

　　A. 1　　　　　　B. 2　　　　　　C. 3　　　　　　D. 4

（　　）4. 已知函数 $y = \cos x + \sin x$，则其二阶导数为

　　A. $-\cos x + \sin x$　　　　　　B. $\cos x + \sin x$

　　C. $-\cos x - \sin x$　　　　　　D. $\cos x - \sin x$

（　　）5. 已知 $z = 3x + \ln 2$，则 $\mathrm{d}z =$

　　A. $\dfrac{7}{2}$　　　　B. $3\mathrm{d}x$　　　　C. $\dfrac{1}{7}$　　　　D. $\dfrac{7}{3}\mathrm{d}x$

学院：＿＿＿＿＿＿＿＿　　班级：＿＿＿＿＿＿＿＿　　学号：＿＿＿＿＿＿＿＿　　姓名：＿＿＿＿＿＿＿＿

三、填空题(每小题 2 分,共 20 分)

1. 设 $f'(x_0) = 3$,则 $\lim\limits_{\Delta x \to 0} \dfrac{f(x_0 - \Delta x) - f(x_0)}{\Delta x} =$ _____.

2. $(x)' =$ _____ ,$(\ln x)' =$ _____ .

3. 设 $f(x) = \ln x + \dfrac{2015}{2016}$,则 $f'(2016) =$ _____.

4. 曲线 $y = e^x$ 在点 $(0,1)$ 处的切线斜率是 _____.

5. 函数 $y = x^2 + 1$ 在 $x = 1$ 处的法线方程为 _____ .

6. $\mathrm{d}x =$ _____ $\mathrm{d}(2x+1)$.

*7. 参数方程 $\begin{cases} x = \sin t \\ y = 4t^2 \end{cases}$ 所确定的函数的导数 $\dfrac{\mathrm{d}y}{\mathrm{d}x} =$ _____.

8. 已知 $f(x) = x^2 - \sin x$,则 $f'(x) =$ _____ ,$f''(x) =$ _____ .

9. 曲线 $y = x^2$ 在点 $(1,1)$ 处的二阶导数是 _____.

10. 设 $y = 2e^x + \ln x$,则 $\mathrm{d}y =$ _____.

四、计算与解答题(共 50 分)

1. 求下列函数的导数(每小题 5 分,共 30 分)

$(1) y = 2e^x + 3\sin x + 5$ 　　　　　　　　$(2) y = x^2 \cos x$

$(3) y = \cos(5x + 2)$ 　　　　　　　　$(4) y = (3x^2 - 2x + 1)^{10}$

$*(5) y = \ln(2x + \sqrt{1 + x^2})$ 　　　　　　　　$(6) y = e^x \cos 3x$

学院:_____　　班级:_____　　学号:_____　　姓名:_____

*2. 一物体由静止开始运动，t s 后速度为 $3t^2 + 2t + 1(\mathrm{m/s})$，问：(1) 在 2s 后物体离开出发点的距离是多少？(2) 物体走完 584m 需要多长时间？(6 分)

*3. 求由方程 $y^2 + 2\ln y = x^4$ 所确定的隐函数 $y = f(x)$ 的导数 $\dfrac{\mathrm{d}y}{\mathrm{d}x}$.(6 分)

4. $y = x^3 - 2x^2 + x + 1$，求 y'、y'' 和 $\mathrm{d}y$.(8 分)

学院：_____　班级：_____　学号：_____　姓名：_____

自测题 2 答题页

一、判断题(每小题 2 分,共 20 分)

题号	1	2	3	4	5	6	7	8	9	10
答案										

二、单选题(每小题 2 分,共 10 分)

题号	1	2	3	4	5
答案					

三、填空题(每小题 2 分,共 20 分)

1. _____　2. _____　3. _____　4. _____

5. _____　6. _____　7. _____　8. _____

9. _____　10. _____

四、计算与解答题(共 50 分)

(30 分)1. 解:(1)　　　　　　　　(2)　　　　　　　　(3)

　　　　　　　　　(4)　　　　　　　　(5)　　　　　　　　(6)

(8 分)2. 解:

(6 分)3. 解:

(6 分)4. 解:

学院:_____　班级:_____　学号:_____　姓名:_____

第 3 章　　导数的应用

知识概要

　　基本概念：未定型、极值点、可能极值点、极值、最值、凹区间、凸区间、拐点、渐近线、水平渐近线、铅直渐近线.

　　基本方法：用洛必达法则求未定型的极限，函数单调区间的求法，可能极值点的求法，极值的求法，连续函数在闭区间上的最大值、最小值的求法，求实际问题的最大值、最小值的方法，曲线的凹向及拐点的求法，曲线的渐近线的求法，一元函数图像的描绘方法.

　　基本定理：拉格朗日中值定理，罗尔中值定理，洛必达法则，函数单调性的判定定理，极值的必要条件，极值的第一、第二充要条件，曲线凹向的判别定理.

3.1　　洛必达法则

一、判断题

（　　）1. 在运用洛必达法则时，如果 $\lim \dfrac{f'(x)}{g'(x)}$ 不存在，则 $\lim \dfrac{f(x)}{g(x)}$ 也不存在.

（　　）2. $\lim\limits_{x\to 1} \dfrac{x^2+1}{x} = \lim\limits_{x\to 1} \dfrac{(x^2+1)'}{(x)'} = \lim\limits_{x\to 1} \dfrac{2x}{1} = 2.$

（　　）3. $\lim\limits_{x\to 1} \dfrac{x^3-2x+1}{x-1} = \lim\limits_{x\to 1} \dfrac{(x^3-2x+1)'}{(x-1)'} = \lim\limits_{x\to 1} \dfrac{3x^2-2}{1} = 1.$

（　　）4. $\lim\limits_{x\to 1} \dfrac{x^3-2x+1}{(x-1)^2} = \lim\limits_{x\to 1} \dfrac{3x^2-2}{2(x-1)} = \lim\limits_{x\to 1} \dfrac{6x}{2} = 3.$

（　　）5. $\lim\limits_{x\to\infty} \dfrac{x-\sin x}{x+\sin x} = \lim\limits_{x\to\infty} \dfrac{1-\cos x}{1+\cos x} = 1.$

二、单选题

（　　）1. $\lim\limits_{x\to 2} \dfrac{\ln(x^2-3)}{x^2-3x+2} =$

　　A. -1　　　　　　　B. 1　　　　　　　C. -4　　　　　　　D. 4

学院：＿＿＿＿＿＿　　班级：＿＿＿＿＿＿　　学号：＿＿＿＿＿　　姓名：＿＿＿＿＿

(　　) 2. $\lim\limits_{x\to\frac{\pi}{2}}\dfrac{\tan 3x}{\tan x}=$

　　　　A. -3 　　　　　　B. 3 　　　　　　C. $-\dfrac{1}{3}$ 　　　　D. $\dfrac{1}{3}$

(　　) *3. $\lim\limits_{x\to 1}x^{\frac{1}{1-x}}=$

　　　　A. -2 　　　　　B. -1 　　　　　C. $\dfrac{1}{e}$ 　　　　D. $\dfrac{1}{e^2}$

三、填空题

1. 极限 $\lim\limits_{x\to 0}\dfrac{1-\cos x}{x^2}$ 是 _____ 型，所以 $\lim\limits_{x\to 0}\dfrac{1-\cos x}{x^2}=\lim\limits_{x\to 0}$ _____ $=$ _____.

*2. 极限 $\lim\limits_{x\to 0^+}\dfrac{\ln x}{\ln\sin x}$ 是 _____ 型，所以 $\lim\limits_{x\to 0^+}\dfrac{\ln x}{\ln\sin x}=\lim\limits_{x\to 0^+}$ _____ $=$ _____.

3. 极限 $\lim\limits_{x\to 0}\dfrac{x+\sin x}{x^2}$ 是 _____ 型，所以 $\lim\limits_{x\to 0}\dfrac{x+\sin x}{x^2}=\lim\limits_{x\to 0}\dfrac{1+\cos x}{2x}$

$=$ _____.

四、用洛必达法则求下列极限

1. $\lim\limits_{x\to 0}\dfrac{\ln(1+x)}{2x}$ 　　　　　　　　　2. $\lim\limits_{x\to\frac{\pi}{4}}\dfrac{\sin x-\sin\frac{\pi}{4}}{x-\frac{\pi}{4}}$

3. $\lim\limits_{x\to+\infty}\dfrac{\ln x}{x^2}$ 　　　　　　　　　　4. $\lim\limits_{x\to 0}x\cot 3x$

5. $\lim\limits_{x\to 1}\left(\dfrac{2}{x^2-1}-\dfrac{1}{x-1}\right)$ 　　　　　6. $\lim\limits_{x\to 0}\left(\dfrac{1}{x}-\dfrac{1}{e^x-1}\right)$

*7. $\lim\limits_{x\to 0}(1+\sin x)^{\frac{1}{x}}$ 　　　　　　　*8. $\lim\limits_{x\to 0^+}(\ln\frac{1}{x})^x$

学院：_____　　班级：_____　　学号：_____　　姓名：_____

3.2　函数的单调性和极值

一、判断题

（　　）1. 如果函数 $f(x)$ 在 (a,b) 内单调增加,则函数 $-f(x)$ 在 (a,b) 内单调减少.

（　　）2. 单调函数的导数也是单调函数.

（　　）3. 如果 $f'(x_0)=0$,则 $x=x_0$ 是 $f(x)$ 的极值点.

（　　）4. 如果 $x=x_0$ 是 $f(x)$ 的极值点,则曲线 $y=f(x)$ 在 $x=x_0$ 处的切线是水平的.

（　　）5. 如果 $x=x_0$ 是 $f(x)$ 的极值点,则 $f'(x_0)=0$.

（　　）6. 如果一个函数既有极大值又有极小值,极大值一定比极小值大.

（　　）7. 如果 $f(x)$ 在 $[a,b]$ 上单调增加,则 $f(a)$ 是极小值,$f(b)$ 是极大值.

二、选择题

（　　）1. $f'(x_0)=0$ 是 $f(x)$ 在点 x_0 取得极值的

  A. 充分条件且不是必要条件   B. 必要条件且不是充分条件

  C. 充分必要条件   D. 既不是充分条件也不是必要条件

（　　）2. 函数 $y=x^3-3x^2+7$ 在区间 $(-\infty,0)$ 和 $(0,2)$ 内分别是

  A. 单调增加,单调减少   B. 单调增加,单调增加

  C. 单调减少,单调减少   D. 单调减少,单调增加

（　　）3. 函数 $y=\dfrac{x}{x^2+1}$ 的极大值是

  A. -1 B. $-\dfrac{1}{2}$ C. 1 D. $\dfrac{1}{2}$

（　　）4. 函数 $y=(x-2)^2$ 在区间 $[0,4]$ 上的极小值点是

  A. 0 B. 2 C. 点 $(0,0)$ D. 点 $(2,0)$

（　　）5. 函数 $y=x^3-6x^2+9x-4$ 的极大值和极小值分别是

  A. $0,-4$ B. $3,-4$ C. $1,3$ D. $3,1$

（　　）* 6. 设函数 $y=\sqrt[3]{(x^2-2x)^2}$,则 $x=1$ 和 $x=2$ 分别是函数的

  A. 极大点,极小点   B. 极大值,极小值

  C. 极小点,极大点   D. 极小点,极小点

学院：＿＿＿＿＿＿＿　　班级：＿＿＿＿＿＿＿　　学号：＿＿＿＿＿＿＿　　姓名：＿＿＿＿＿＿

三、填空题

1. 设 $f(x) = x - \sin x$，因为 $f'(x) =$ _____ ，所以在区间 _____ 函数单调 _____ .

2. 函数 $f(x) = x^3 - 6x^2 + 9x + 2$ 在区间 _____ 单调增加,在区间 _____ 单调减少.

3. 函数 $f(x) = e^{-x^2}$ 的单调递增区间是 _____ ,单调递减区间是 _____ .

4. 函数 $f(x) = 2x^3 + 3x^2 - 12x + 1$ 在 $x =$ _____ 时取得极小值 _____ ,在 $x =$ _____ 时取得极大值 _____ .

四、讨论下列函数的单调性

1. $f(x) = \arctan x - x$

2. $f(x) = x + \sin x (0 \leqslant x \leqslant 2\pi)$

五、确定下列函数的单调区间

1. $y = 3x^3 - 5x^2 - 16x - 8$

2. $y = 2x^2 - \ln x$

学院:_____ 班级:_____ 学号:_____ 姓名:_____

* 六、证明：当 $x > 0$ 时，$x > \ln(1 + x)$.

七、求下列函数的极值

1. $y = x^4 - x^2$　　　　　　　　　　　　2. $y = x - \ln(x + 1)$

八、求函数 $y = x^3 - 3x^2 - 9x + 5, -2 \leqslant x \leqslant 4$ 的最大值、最小值.

九、某窗的形状为半圆置于矩形之上，若此窗框周长为一定值 L，试确定半圆的半径 r 和矩形的高 h，使得能通过的光线最为充足.

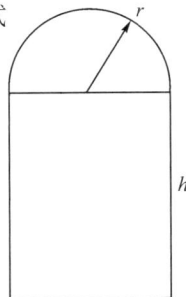

学院：＿＿＿＿＿＿　　班级：＿＿＿＿＿＿　　学号：＿＿＿＿＿＿　　姓名：＿＿＿＿＿＿

*3.3　函数图像的描绘

一、判断题

(　　)1. 极值点也是拐点.

(　　)2. 若点$(x_0, f(x_0))$是拐点,则 $f''(x_0) = 0$.

(　　)3. 若 $f''(x_0)$ 不存在,则点$(x_0, f(x_0))$不是拐点.

(　　)4. 如果 $f''(x_0) = 0$ 或 $f''(x_0)$ 不存在,则点$(x_0, f(x_0))$可能是拐点.

二、单选题

(　　)1. 曲线 $y = x^3 - 3x^2 + 3$ 在区间$(-\infty, -1)$ 和$(-1, 1)$ 内分别为

　　　　A. 凸的,凸的　　　B. 凸的,凹的　　C. 凹的,凸的　　D. 凹的,凹的

(　　)2. 曲线 $y = \ln x + 1$ 在区间$(0, 1)$ 和$(1, 2)$ 内分别为

　　　　A. 凸的,凸的　　　B. 凸的,凹的　　C. 凹的,凸的　　D. 凹的,凹的

(　　)3. 曲线 $y = e^{-x}$ 区间$(-1, 0)$ 和$(0, 1)$ 内分别为

　　　　A. 凸的,凸的　　　B. 凸的,凹的　　C. 凹的,凸的　　D. 凹的,凹的

三、填空题

1. 若点$(1, 2)$是曲线 $y = ax^3 + bx^2 + 4x$ 的拐点,则 $a =$ ＿＿＿ ,$b =$ ＿＿＿ .

2. 曲线 $y = x^{\frac{5}{3}}$ 的拐点是＿＿＿＿＿＿ .

3. 曲线 $y = xe^x$ 的凹区间是＿＿＿＿＿＿ ,凸区间是＿＿＿＿＿＿ ,拐点是

＿＿＿＿＿ .

四、求下列曲线的水平渐近线和垂直渐近线

1. $y = \dfrac{1}{x^2 - 4}$

2. $y = \dfrac{x^2 - 1}{x^2 - 3x + 2}$

五、求曲线 $f(x) = \dfrac{1}{8}x^4 - x^2$ 的拐点及凹凸区间.

六、描绘函数 $f(x) = \dfrac{x}{1 + x^2}$ 的图像.

学院:＿＿＿＿＿＿＿　　班级:＿＿＿＿＿＿＿　　学号:＿＿＿＿＿＿＿　　姓名:＿＿＿＿＿＿

自测题 3

（总分 100 分，时间 90 分钟）

一、判断题（对的画"√"，错的画"×"，每小题 2 分，共 20 分）

（　　）1. 可导函数的极值点不一定是驻点，但驻点一定是极值点.

（　　）2. 函数 $y = x^3 + x$ 在 $(-\infty, +\infty)$ 上是减函数.

（　　）3. 若 $f(x)$ 在开区间 (a,b) 内可导，则 $f(x)$ 在 (a,b) 内必有极值.

（　　）4. 函数 $y = |x|$ 在 $x = 0$ 连续且可导.

（　　）5. 函数 $f(x) = x^3 - 3x + 2$ 在区间 $[-2,2]$ 上的最小值为 0.

（　　）6. 可导函数 $f(x)$ 在极值点 x_0 处必有 $f'(x_0) = 0$.

（　　）7. 若 $f'(x_0) = 0$，则 $f(x_0)$ 必是极值.

（　　）8. 利用洛必达法则求极限 $\lim\limits_{x \to \infty} \dfrac{x + \sin x}{x} = \lim\limits_{x \to \infty} \dfrac{1 + \cos x}{1} = \lim\limits_{x \to \infty} \dfrac{-\sin x}{0} = \infty$.

（　　）9. 对任意的函数 $f(x)$、$g(x)$，都有 $\lim\limits_{x \to 0} \dfrac{f(x)}{g(x)} = \lim\limits_{x \to 0} \dfrac{f'(x)}{g'(x)}$.

（　　）10. 函数的极大值就是函数的最大值.

二、单选题（每小题 2 分，共 10 分）

（　　）1. $y = x^3 - x$ 的两个驻点是

　　　　A. $x = \pm 1$　　　　B. $x = 0, 1$　　　C. $x = -1, 0$　　D. $x = \pm \dfrac{1}{\sqrt{3}}$

（　　）2. 若 x_0 为函数 $y = f(x)$ 的驻点，则 $y = f(x)$ 在点 x_0 处

　　　　A. 可能有极值，也可能没有极值　　　B. 必有极值

　　　　C. 必有极大值　　　　　　　　　　D. 必有极小值

（　　）*3. 若 $f(x)$ 在 (a,b) 内恒有 $f'(x) < 0$，则 $f(x)$ 在 (a,b) 内是

　　　　A. 递减的　　　　B. 递增的　　　C. 凹的　　　D. 凸的

（　　）4. 若 $y = x^2 - x$，则函数在区间 $[0,1]$ 上的最大值为

　　　　A. 0　　　　　　B. $-\dfrac{1}{4}$　　　C. $\dfrac{1}{2}$　　　D. $\dfrac{1}{4}$

（　　）5. 满足方程 $f'(x) = 0$ 的 x 一定是函数 $y = f(x)$ 的

　　　　A. 极大值点　　　B. 极小值点　　C. 驻点　　　D. 间断点

学院：＿＿＿＿＿＿＿　　班级：＿＿＿＿＿＿　　学号：＿＿＿＿＿　　姓名：＿＿＿＿＿

三、填空题(每小题 2 分,共 20 分)

*1. 函数 $f(x)=x(x-1)$ 在 $[1,4]$ 上满足拉格朗日中值定理的 $\xi=$ _____ .

2. 函数 $y=\ln x$ 在 $(0,+\infty)$ 上是 _____ (递增或递减).

3. 函数 $f(x)=x^3-12x+1$ 的极大值为 _____ ,极小值为 _____ .

4. 函数 $y=x^2+2x+1$ 在区间 $[-2,3]$ 上的最大值为 _____ ,最小值为 _____ .

*5. 函数 $f(x)=\mathrm{e}^{|x-3|}$ 在 $[-5,5]$ 上的最大值是 _____ .

*6. 函数 $y=ax^2+bx(a>0,b>0)$ 在 $\left[0,\dfrac{b}{a}\right]$ 上的最大值是 _____ ,最小值是 _____ .

*7. 函数 $y=|x^3|$ 在 $[-3,1]$ 上的最小值是 _____ .

*8. 函数 $y=\sqrt[3]{(x^2-2x)^2}$ 在 $[0,3]$ 上的最大值是 _____ ,最小值是 _____ .

*9. 设 $y=\mathrm{e}^{\frac{1}{x}}$,因为 $x\to 0^+$ 时,$y\to+\infty$,所以 _____ 是曲线的垂直渐近线.

*10. 设 $y=2+\dfrac{1}{x}$,因为 $\lim\limits_{x\to\infty}\left(2+\dfrac{1}{x}\right)=2$,所以 _____ 是曲线的水平渐近线.

四、解答题(共 50 分)

1. 求函数 $y=x^3-3x+5$ 的单调区间和极值.(10 分)

2. 求函数 $f(x)=x^2-6x+5$ 在 $[-1,3]$ 上的最大值和最小值.(10 分)

学院:_____　　班级:_____　　学号:_____　　姓名:_____

3. 有一块宽为 10 的长方形铁皮,将宽的两个边缘向上折起,做成一个开口水槽,其横截面为矩形,高为 x,问高 x 取何值时水槽的流量最大?(15 分)

4. 用薄钢板做一体积为 V 的无盖圆柱形桶. 假定不计裁剪时的损耗,问怎样设计才能使用料最省?(15 分)

学院:_____ 班级:_____ 学号:_____ 姓名:_____

自测题 3 答题页

一、判断题(每小题 2 分,共 20 分)

题号	1	2	3	4	5	6	7	8	9	10
答案										

二、单选题(每小题 2 分,共 10 分)

题号	1	2	3	4	5
答案					

三、填空题(每小题 2 分,共 20 分)

1. _____　2. _____　3. _____　4. _____

5. _____　6. _____　7. _____　8. _____

9. _____　10. _____

四、解答题(共 50 分)

(10 分)1. 解:

(10 分)2. 解:

(15 分)3. 解:

(15 分)4. 解:

学院:_____　班级:_____　学号:_____　姓名:_____

第4章 不定积分

知识概要

    基本概念：原函数、不定积分、积分曲线.

    基本方法：直接积分法、第一换元积分法(也称凑微分法)、第二换元积分法(也称变量替代法)、分部积分公式.

    基本公式：基本积分公式表.

    基本定理：不定积分的性质、积分运算和微分运算之间关系定理.

4.1 不定积分的概念、性质及直接积分法

一、填空题

1. $x^2 + \sin x$ 的一个原函数是_____.

2. 若 $f(x)$ 的导函数是 $\sin x$，则 $f(x)$ 的所有原函数为_____.

3. 过点$(0,1)$且斜率为 x 的积分曲线方程是_____.

二、单选题

(　　) 1. $\sqrt{x}$ 是(　　) 的一个原函数.

    A. $\dfrac{1}{2x}$ B. $\dfrac{1}{2\sqrt{x}}$ C. $\ln x$ D. $\sqrt{x^3}$

(　　) 2. $\left(\displaystyle\int \arcsin x \, \mathrm{d}x\right)' =$

    A. $\dfrac{1}{\sqrt{1-x^2}} + C$ B. $\dfrac{1}{\sqrt{1-x^2}}$ C. $\arcsin x + C$ D. $\arcsin x$

(　　) 3. 若 $F(x)$ 是 $f(x)$ 的一个原函数，则下列式子正确的是

    A. $\displaystyle\int f(x)\,\mathrm{d}x = F(x)$ B. $\displaystyle\int F(x)\,\mathrm{d}x = f(x)$

    C. $\displaystyle\int f(x)\,\mathrm{d}x = F(x) + C$ D. $\displaystyle\int F(x)\,\mathrm{d}x = f(x) + C$

学院：_____ 班级：_____ 学号：_____ 姓名：_____

（　　）4. 若 $\int f(x)\mathrm{d}x = x^2\mathrm{e}^{2x} + C$，则 $f(x) =$

A. $2x\mathrm{e}^x$
B. $2x^2\mathrm{e}^{2x}$

C. $x\mathrm{e}^{2x}$
D. $2x\mathrm{e}^{2x}(1+x)$

（　　）5. 若 $f(x)$ 的一个原函数是 $\ln x$，则 $f'(x) =$

A. $x\ln x$
B. $\ln x$
C. $\dfrac{1}{x}$
D. $-\dfrac{1}{x^2}$

（　　）6. 以下函数中，不是同一个函数的原函数的是

A. $y = \ln x$
B. $y = 2\ln x$

C. $y = \ln(2x)$
D. $y = \ln(4x) + 3$

（　　）7. 若曲线 $y = f(x)$ 在点 x 处的切线斜率为 $-x + 2$，且过点 $(2,5)$，则该曲线方程为

A. $y = -x^2 + 2x$
B. $y = -\dfrac{1}{2}x^2 + 2x$

C. $y = -\dfrac{1}{2}x^2 + 2x + 3$
D. $y = -x^2 + 2x + 5$

三、求下列不定积分

1. $\int (x^2 - 3x + 1)\mathrm{d}x$
2. $\int \dfrac{\sqrt[3]{x}}{x}\mathrm{d}x$

3. $\int (\sin x - \cos x)\mathrm{d}x$
4. $\int (x^e - \mathrm{e}^x)\mathrm{d}x$

学院：＿＿＿＿＿＿　　班级：＿＿＿＿＿＿　　学号：＿＿＿＿＿＿　　姓名：＿＿＿＿＿＿

5. $\int\left(\dfrac{2}{1+x^2}-\dfrac{3}{\sqrt{1-x^2}}\right)\mathrm{d}x$

6. $\int\left(\dfrac{4}{\sin^2 x}+\dfrac{3}{\cos^2 x}\right)\mathrm{d}x$

7. $\int\dfrac{x^2-1}{x^2+1}\mathrm{d}x$

8. $\int\dfrac{2-\sqrt{1-x^2}}{\sqrt{1-x^2}}\mathrm{d}x$

4.2　不定积分的换元积分法

一、单选题

(　　) 1. 下列凑微分正确的是

　　A. $\ln x \, \mathrm{d}x = \mathrm{d}(\frac{1}{x})$　　　　　　　　B. $\dfrac{1}{\sqrt{1-x^2}}\mathrm{d}x = \mathrm{d}(\sin x)$

　　C. $\dfrac{1}{x^2}\mathrm{d}x = \mathrm{d}(-\frac{1}{x})$　　　　　　D. $\dfrac{1}{\sqrt{x}}\mathrm{d}x = \mathrm{d}\sqrt{x}$

(　　) 2. 下列凑微分正确的是

　　A. $2x\mathrm{e}^{x^2}\mathrm{d}x = \mathrm{d}(\mathrm{e}^{x^2})$　　　　　　B. $\dfrac{1}{x+1}\mathrm{d}x = \mathrm{d}(\ln x + 1)$

　　C. $\arctan x \mathrm{d}x = \mathrm{d}(\dfrac{1}{1+x^2})$　　　D. $\cos 2x\mathrm{d}x = \mathrm{d}(\sin 2x)$

二、填空题

1. $\mathrm{d}x = \underline{\quad} \mathrm{d}(2-5x)$　　　　　2. $x\mathrm{d}x = \underline{\quad\quad} \mathrm{d}(2x^2+1)$

3. $\dfrac{1}{x}\mathrm{d}x = \mathrm{d}\underline{\quad\quad}$　　　　　4. $\sin\dfrac{x}{4}\mathrm{d}x = \underline{\quad\quad} \mathrm{d}(\cos\dfrac{x}{4})$

5. $x\mathrm{e}^{-2x^2}\mathrm{d}x = \mathrm{d}\underline{\quad\quad\quad}$　　　6. $\dfrac{x\mathrm{d}x}{\sqrt{1-x^2}} = \underline{\quad\quad} \mathrm{d}(\sqrt{1-x^2})$

三、求下列不定积分：

1. $\displaystyle\int \sin 5x\mathrm{d}x$　　　　　　　　2. $\displaystyle\int \mathrm{e}^{-2x}\mathrm{d}x$

3. $\displaystyle\int (2-3x)^5\mathrm{d}x$　　　　　　　4. $\displaystyle\int \dfrac{1}{1+3x}\mathrm{d}x$

学院：_____　　班级：_____　　学号：_____　　姓名：_____

5. $\int \dfrac{\ln^4 x}{x}\mathrm{d}x$

6. $\int \mathrm{e}^{\sin x}\cos x\,\mathrm{d}x$

7. $\int \dfrac{2x}{\sqrt{1-x^4}}\mathrm{d}x$

8. $\int \dfrac{1}{1+\sqrt{x-1}}\mathrm{d}x$

学院:＿＿＿＿＿＿　班级:＿＿＿＿＿＿　学号:＿＿＿＿＿　姓名:＿＿＿＿＿

4.3　不定积分的分部积分法

求下列不定积分

1. $\int x \sin x \mathrm{d}x$

2. $\int x \mathrm{e}^{-x} \mathrm{d}x$

3. $\int x \cos 3x \mathrm{d}x$

4. $\int x^2 \ln x \mathrm{d}x$

5. $\int x^2 \mathrm{e}^{2x} \mathrm{d}x$

6. $\int \arctan x \mathrm{d}x$

7. $\int \mathrm{e}^{\sqrt{x}} \mathrm{d}x$

*8. $\int \mathrm{e}^{-x} \sin 2x \mathrm{d}x$

学院:＿＿＿＿＿＿　班级:＿＿＿＿＿＿　学号:＿＿＿＿＿　姓名:＿＿＿＿＿

自测题 4

（总分 100 分，时间 90 分钟）

一、判断题（对的画"√"，错的画"×"，每小题 2 分，共 20 分）

（　　）1. 若 $F'(x) = f(x)$，则 $\int f(x)\mathrm{d}x = F(x) + C$（$C$ 为任意常数）.

（　　）2. 分部积分公式为 $\int u\mathrm{d}v = uv + \int v\mathrm{d}u$.

（　　）3. $\int 3^x\mathrm{d}x = \dfrac{3^x}{\ln 3} + C$.

（　　）4. $\int \sin x\mathrm{d}x = \cos x + C$.

（　　）5. 不定积分 $\int f(x)\mathrm{d}x$ 如果存在，则其结果是一个确定的常数.

（　　）6. 两个可导且相差一个常数的函数是同一函数的原函数.

（　　）7. 一函数的积分曲线族上横坐标相同点的切线不一定平行.

（　　）8. $\int \dfrac{2}{x}\mathrm{d}x = 2\ln x + C$.

（　　）9. $\mathrm{d}\left[\int f(x)\mathrm{d}x\right] = f(x)$.

（　　）10. 若 $\int f(x)\mathrm{d}x = F(x) + C$，则 $\int \mathrm{e}^x f(\mathrm{e}^x)\mathrm{d}x = F(\mathrm{e}^x) + C$.

二、单选题（每小题 2 分，共 10 分）

（　　）1. $\int (2x+1)^3\mathrm{d}x =$

　　A. $\dfrac{1}{8}(2x+1)^4 + C$ 　　　　　　B. $\dfrac{1}{6}(2x+1)^4 + C$

　　C. $\dfrac{1}{8}(2x+1)^3 + C$ 　　　　　　D. $\dfrac{1}{6}(2x+1)^3 + C$

（　　）2. 设 $f(x)$ 为可导函数，以下各式正确的是

　　A. $\int f(x)\mathrm{d}x = f(x)$ 　　　　　　B. $\int f'(x)\mathrm{d}x = f(x)$

　　C. $\left[\int f(x)\mathrm{d}x\right]' = f(x)$ 　　　　　　D. $\left[\int f(x)\mathrm{d}x\right]' = f(x) + C$

学院：＿＿＿＿＿＿＿　班级：＿＿＿＿＿＿＿　学号：＿＿＿＿＿＿　姓名：＿＿＿＿＿＿

（　　）* 3. 设 $f(x) = k\tan 2x$ 的一个原函数是 $\dfrac{2}{3}\ln\cos 2x$，则 $k =$

　　A. $-\dfrac{2}{3}$ 　　　　B. $\dfrac{3}{2}$ 　　　　C. $-\dfrac{4}{3}$ 　　　　D. $\dfrac{3}{4}$

（　　）4. 若 $\displaystyle\int f(x)\mathrm{d}x = x\mathrm{e}^x + C$，则 $f(x) =$

　　A. $(x+2)\mathrm{e}^x$ 　　B. $(x-1)\mathrm{e}^x$ 　　C. $x\mathrm{e}^x$ 　　　　D. $(x+1)\mathrm{e}^x$

（　　）* 5. 若 $f(x) = \mathrm{e}^{-x}$，则 $\displaystyle\int \dfrac{f'(\ln x)}{x}\mathrm{d}x =$

　　A. $-\dfrac{1}{x} + C$ 　　B. $\dfrac{1}{x} + C$ 　　　C. $-\ln x + C$ 　　D. $\ln x + C$

三、填空题（每小题 2 分，共 20 分）

1. 若 $\displaystyle\int f(x)\mathrm{d}x = \cos x + C$，$C$ 为任意常数，则 $f(x) =$ _____．

2. x 的一个原函数是 _____，而 _____ 的原函数是 x．

3. $\displaystyle\int x\mathrm{d}x =$ _____ $+ C$，$\displaystyle\int \cos x\mathrm{d}x =$ _____ $+ C$．

* 4. 若 $F(x)$ 是 $f(x)$ 的一个原函数，则 $\displaystyle\int 2xf(x^2)\mathrm{d}x =$ _____．

5. 若 $\displaystyle\int f(x)\mathrm{d}x = x\mathrm{e}^x + C$，则 $f(x) =$ _____．

6. 不定积分 $\displaystyle\int \sin 2x\mathrm{d}x =$ _____．

7. $\displaystyle\int \sqrt{\sqrt{x}}\,\mathrm{d}x =$ _____．

8. 若 $\displaystyle\int f(x)\mathrm{d}x = \sin 2x + C$，$C$ 为常数，则 $f(x) =$ _____．

* 9. 若 $f'(x)(1+x^2) = 2x$，且 $f(0) = 1$，则 $f(x) =$ _____．

10. 已知一曲线经过点 $(1,0)$，且在其上任意一点 (x,y) 处切线的斜率是 $3x^2$，则该曲线的方程为_____．

四、计算与解答题（共 50 分）

1. 求下列不定积分（每小题 4 分，共 20 分）

(1) $\displaystyle\int \dfrac{x^2 - x\cos x + 2}{x}\mathrm{d}x$ 　　　　　　(2) $\displaystyle\int \mathrm{e}^{3x}\mathrm{d}x$

（3）$\displaystyle\int e^{\cos x}\sin x\,\mathrm{d}x$ （4）$\displaystyle\int x\ln x\,\mathrm{d}x$

2. 求下列不定积分（每小题 5 分，共 30 分）

*（1）$\displaystyle\int \frac{1-\cos x}{1+\cos x}\mathrm{d}x$ （2）$\displaystyle\int \frac{1}{x\ln\sqrt{x}}\mathrm{d}x$

*（3）$\displaystyle\int \frac{\sin x}{4-\cos^2 x}\mathrm{d}x$ （4）$\displaystyle\int \frac{1}{x^3}e^{\frac{1}{x}}\mathrm{d}x$

（5）$\displaystyle\int x^2\ln(x-1)\,\mathrm{d}x$ *（6）$\displaystyle\int \frac{x^2}{\sqrt{1-x^2}}\mathrm{d}x$

学院：＿＿＿＿＿＿＿　班级：＿＿＿＿＿＿＿　学号：＿＿＿＿＿＿＿　姓名：＿＿＿＿＿＿＿

自测题 4 答题页

题号	1	2	3	4	5	6	7	8	9	10
答案										

二、单选题(每小题 2 分,共 10 分)

题号	1	2	3	4	5
答案					

三、填空题(每小题 2 分,共 20 分)

1. _____　2. _____　3. _____　4. _____

5. _____　6. _____　7. _____　8. _____

9. _____　10. _____

四、计算与解答题(共 50 分)

(20 分)1. 解:(1)　　　　　　　　　　(2)

(3)　　　　　　　　　　(4)

(30 分)2. 解:(1)　　　　　(2)　　　　　(3)

(4)　　　　　(5)　　　　　(6)

学院:_____　班级:_____　学号:_____　姓名:_____

第 5 章 定积分及其应用

知识概要

基本概念：积分和、定积分、变上限积分函数、曲边梯形.

基本公式：微积分基本公式（即牛顿 — 莱布尼茨公式）.

基本方法：利用微积分基本公式计算定积分，变上限积分函数的导数，定积分换元法，定积分分部积分法，利用微元法求平面图形的面积、旋转体的体积，平面曲线的弧长.

基本定理：定积分运算性质、积分估值性质、积分中值定理.

5.1 定积分的概念和性质

一、判断题

( )1. 定积分 $\int_a^b f(x)\mathrm{d}x$ 是一个常数.

( )2. 若 $f(x)$ 在 $[a,b]$ 上连续，且 $\int_a^b f(x)\mathrm{d}x = 0$，则 $\int_a^b [f(x)+1]\mathrm{d}x = 1$.

( )3. $\int_0^1 x^2\mathrm{d}x \leqslant \int_0^1 x^3\mathrm{d}x$.

( )*4. 若在 $[a,b]$ 上 $f(x)$、$g(x)$ 均连续且 $f(x) \neq g(x)$，则 $\int_a^b f(x)\mathrm{d}x$ $\neq \int_a^b g(x)\mathrm{d}x$.

( )5. 根据定积分的几何意义可得 $\int_{-1}^1 \sqrt{1-x^2}\mathrm{d}x = \pi$.

学院：＿＿＿＿＿＿ 班级：＿＿＿＿＿＿ 学号：＿＿＿＿＿＿ 姓名：＿＿＿＿＿

二、单选题

(　　)1. 设 $f(x)$ 在 $[-a,a]$ 上连续,且为偶函数,则 $\int_{-a}^{a} f(x)\mathrm{d}x =$

　　A. 0 　　　　B. $2\int_{-a}^{0} f(x)\mathrm{d}x$ 　　　　C. $\int_{-a}^{0} f(x)\mathrm{d}x$ 　　　D. $\int_{0}^{a} f(x)\mathrm{d}x$

(　　)* 2. 设 $y = f(x)$ 与 $y = g(x)$ 在区间 $[a,b]$ 上连续,则由这两条曲线及 $x = a, x = b$ 所围成平面图形的面积为

　　A. $\int_{a}^{b} [f(x) - g(x)]\mathrm{d}x$ 　　　　　　B. $\int_{a}^{b} [g(x) - f(x)]\mathrm{d}x$

　　C. $\int_{a}^{b} |f(x) - g(x)|\mathrm{d}x$ 　　　　　D. $\left| \int_{a}^{b} [f(x) - g(x)]\mathrm{d}x \right|$

* 三、估计积分 $\int_{\frac{\pi}{4}}^{\frac{3\pi}{4}} (1 + \sin^2 x)\mathrm{d}x$ 的值.

四、用定积分表示由曲线 $y = x^2 + 1$ 与直线 $x = 1, x = 3$ 及 x 轴所围成的曲边梯形的面积.

* 五、已知 $b > a$,试用定积分的几何意义说明下列等式成立:

(1) $\int_{a}^{b} k\mathrm{d}x = k(b - a)$($k$ 为常数); 　　　　　　(2) $\int_{a}^{b} x\mathrm{d}x = \dfrac{b^2 - a^2}{2}$.

学院:＿＿＿＿＿＿＿　　班级:＿＿＿＿＿＿＿　　学号:＿＿＿＿＿＿＿　　姓名:＿＿＿＿＿＿

5.2 牛顿 — 莱布尼兹公式

[*] 一、填空题

1. 若 $f(x) = \int_2^x (t^4 - 2t + 7)\mathrm{d}t$，则 $f'(x) = $ _____.

2. 设 $f(x) = \int_0^{3x^2+1} \sin t\mathrm{d}t$，则 $f'(x) = $ _____.

3. $\dfrac{\mathrm{d}}{\mathrm{d}x}\displaystyle\int_0^x \cos t^2 \mathrm{d}t = $ _____.

4. $\dfrac{\mathrm{d}}{\mathrm{d}x}\displaystyle\int_{2x}^1 (3t + 2)\mathrm{d}t = $ _____.

5. $\dfrac{\mathrm{d}}{\mathrm{d}x}\displaystyle\int_x^{x^2+1} (5t - 2)\mathrm{d}t = $ _____.

二、计算下列定积分

1. $\displaystyle\int_1^2 (x^2 - 3x + 1)\mathrm{d}x$

2. $\displaystyle\int_1^e (\frac{1}{x} + 2a)\mathrm{d}x$

3. $\displaystyle\int_0^2 (\sqrt{x} - \frac{x^2}{2})\mathrm{d}x$

4. $\displaystyle\int_0^\pi (\sin x + \cos x)\mathrm{d}x$

5. $\displaystyle\int_0^1 (100^x + x^{100})\mathrm{d}x$

6. $\displaystyle\int_0^5 |1 - x|\,\mathrm{d}x$

[*] 三、求下列极限

(1) $\displaystyle\lim_{x \to 0} \frac{\displaystyle\int_0^x \tan t\mathrm{d}t}{x^2}$

(2) $\displaystyle\lim_{x \to 1} \frac{\displaystyle\int_x^1 \mathrm{e}^{t^2}\mathrm{d}t}{\ln x}$

学院：_____ 班级：_____ 学号：_____ 姓名：_____

5.3 定积分的换元积分法和分部积分法

一、填空题

1. $\displaystyle\int_{-\pi}^{\pi} x^3 \cos^4 x \, \mathrm{d}x = $ _____ .

2. $\displaystyle\int_0^1 x\mathrm{e}^{-x} \, \mathrm{d}x = $ _____ .

3. 设 $f(x)$ 在 $[-a,a]$ 上连续,若 $f(x)$ 为奇函数,则 $\displaystyle\int_{-a}^{a} f(x)\mathrm{d}x = $ _____ ;若 $f(x)$ 为偶函数,则 $\displaystyle\int_{-a}^{a} f(x)\mathrm{d}x = $ _____ .

二、计算下列定积分

1. $\displaystyle\int_0^{\frac{\pi}{4}} \tan^2 x \, \mathrm{d}x$

2. $\displaystyle\int_0^4 \frac{1}{1+\sqrt{x}} \, \mathrm{d}x$

3. $\displaystyle\int_0^2 \frac{x}{(1+x^2)^2} \, \mathrm{d}x$

4. $\displaystyle\int_1^{\mathrm{e}} \frac{1+\ln x}{x} \, \mathrm{d}x$

学院:_____ 班级:_____ 学号:_____ 姓名:_____

5. $\displaystyle\int_0^1 \frac{1}{\sqrt{4-x^2}}\mathrm{d}x$

* 6. $\displaystyle\int_1^{\sqrt{3}} \frac{1}{x^2\sqrt{1+x^2}}\mathrm{d}x$

7. $\displaystyle\int_0^1 x\mathrm{e}^{-x}\mathrm{d}x$

8. $\displaystyle\int_0^\pi t\sin t\,\mathrm{d}t$

* 9. $\displaystyle\int_0^{\frac{1}{2}} \arcsin x\mathrm{d}x$

* 10. $\displaystyle\int_0^{\frac{\pi}{2}} \mathrm{e}^{2x}\cos x\mathrm{d}x$

学院：_____　班级：_____　学号：_____　姓名：_____

*5.4　广义积分

一、判断题

(　　)1. 因为 $f(x) = x^3$ 为奇函数，所以 $\int_{-\infty}^{+\infty} x^3 \mathrm{d}x = 0$.

(　　)2. $\int_0^2 \dfrac{1}{(1-x)^2} \mathrm{d}x = \dfrac{1}{1-x}\Big|_0^2 = -2$.

二、填空题

1. 若 $\int_0^{+\infty} \mathrm{e}^{kx} \mathrm{d}x = \dfrac{1}{2}$，则 $k = $ _____.

2. 广义积分 $\int_0^{+\infty} \mathrm{e}^{-x} \mathrm{d}x$ 收敛于 _____ .

三、判断下列广义积分的敛散性，若收敛，求其值.

1. $\int_0^{+\infty} x\mathrm{e}^{-x^2} \mathrm{d}x$

2. $\int_{-\infty}^{-1} \dfrac{1}{x^2} \mathrm{d}x$

3. $\int_2^{+\infty} \dfrac{1}{\sqrt{x-1}} \mathrm{d}x$

4. $\int_{-\infty}^{+\infty} \dfrac{1}{x^2 + 2x + 2} \mathrm{d}x$

5. $\int_0^1 \dfrac{x}{\sqrt{1-x^2}} \mathrm{d}x$

6. $\int_{-1}^1 \dfrac{1}{x^4} \mathrm{d}x$

7. $\int_0^1 \ln x \mathrm{d}x$

8. $\int_{-\infty}^0 \cos x \mathrm{d}x$

学院：_____　　班级：_____　　学号：_____　　姓名：_____

5.5　定积分的应用

一、求曲线 $x = y^2$ 与直线 $y = x$ 围成的平面图形的面积.

二、求由直线 $y = x$、$y = 2x$ 及 $x = 2$ 所围成的平面图形的面积.

*三、求由 $y = e^x$、$y = e^2$ 及 y 轴所围成的平面图形的面积.

*四、求由抛物线 $y = 1 - x^2$ 和 x 轴所围成的平面图形的面积以及该平面图形绕 x 轴旋转所得旋转体的体积.

*五、求 $y^2 = 4x$ 及 $x = 2$ 围成的图形绕 x 轴旋转的体积.

学院：_____　班级：_____　学号：_____　姓名：_____

自测题 5

（总分 100 分，时间 90 分钟）

一、判断题(对的画"√"，错的画"×"，每小题 2 分，共 20 分)

(　　)1. 若 $f(x)$ 在区间 $[a,b]$ 上连续，$x \in [a,b]$，则 $\left[\int_a^x f(t)\mathrm{d}t\right]' = f(x)$.

(　　)2. $\int_a^b f(x)\mathrm{d}x = F(a) - F(b)$，其中 $F'(x) = f(x)$.

(　　)3. 设 $f(x)$ 在 $[-a,a]$ 上连续，且为偶函数，则 $\int_{-a}^a f(x)\mathrm{d}x = 0$.

(　　)4. $\left(\int_a^b f(x)\mathrm{d}x\right)' = f(x)$.

(　　)5. 定积分 $\int_a^b f(x)\mathrm{d}x$ 如果存在，则其结果是一个确定的常数.

(　　)6. $\int_1^1 f(x)\mathrm{d}x = 0$.

(　　)7. $\int_1^2 f(x)\mathrm{d}x = -\int_2^1 f(x)\mathrm{d}x$.

(　　)8. $\int_0^1 x^2\mathrm{d}x \geqslant \int_0^1 x^3\mathrm{d}x$.

(　　)9. 若 $f(x)$ 是 $[-a,a]$ 上的奇函数，则 $\int_{-a}^a f(x)\mathrm{d}x = 0$.

(　　)10. 若 $f(x)$ 在 $[a,b]$ 上连续，且 $\int_a^b f(x)\mathrm{d}x = 0$，则 $\int_a^b [f(x)+1]\mathrm{d}x = 1$.

二、单选题(每小题 2 分，共 10 分)

(　　)1. 若 $\int_0^1 (2x+a)\mathrm{d}x = 6$，则 $a =$

A. 2　　　　　　B. 3　　　　　　C. 4　　　　　　D. 5

(　　)2. 定积分 $\int_{-1}^1 x^7\mathrm{d}x$ 的值为

A. 0　　　　　　B. $\dfrac{1}{8}$　　　　　　C. $\dfrac{1}{4}$　　　　　　D. 1

(　　)3. 根据定积分的几何意义，下列式子正确的是

A. $\int_0^1 \sqrt{1-x^2}\,\mathrm{d}x = 2\pi$　　　　　　B. $\int_0^1 \sqrt{1-x^2}\,\mathrm{d}x = \dfrac{\pi}{2}$

C. $\int_0^1 \sqrt{1-x^2}\,\mathrm{d}x = 4\pi$　　　　　　D. $\int_0^1 \sqrt{1-x^2}\,\mathrm{d}x = \dfrac{\pi}{4}$

学院：＿＿＿＿＿＿　　班级：＿＿＿＿＿＿　　学号：＿＿＿＿＿＿　　姓名：＿＿＿＿＿＿

(   ) 4. 若 $\int_{-\infty}^{0} e^{ax} \mathrm{d}x = \frac{1}{2}$,则 $a =$

    A. 1   B. $\frac{1}{2}$ C. 2   D. -1

(   ) 5. $\int_{0}^{2\pi} \sin x \mathrm{d}x =$

    A. -4 B. 4   C. 0   D. 2π

三、填空题(每小题 2 分,共 20 分)

1. $\int_{-2}^{1} |x| \mathrm{d}x = $ _____ .   2. $\int_{-2}^{2} x^4 \sin^3 x \mathrm{d}x = $ _____ .

*3. $\int_{1}^{+\infty} \frac{1}{1+x^2} \mathrm{d}x = $ _____ .   *4. $\frac{\mathrm{d}}{\mathrm{d}x}\int_{x^2}^{1} f(t)\mathrm{d}t = $ _____ .

5. $\int_{0}^{2} (2x+1)\mathrm{d}x = $ _____ .   6. $\int_{-\frac{\pi}{2}}^{\frac{\pi}{2}} \frac{\sin^3 x}{1+\cos x} \mathrm{d}x = $ _____ .

7. $\int_{0}^{2\pi} \sin x \mathrm{d}x = $ _____ .   8. $\int_{-1}^{1} (x^4 \sin x + x^2)\mathrm{d}x = $ _____ .

*9. $\lim\limits_{x \to 0} \dfrac{\int_{0}^{x} \sin t \mathrm{d}t}{x^2} = $ _____ .

10. 曲线 $y = x^2 + 1$ 与直线 $x = 1$,$x = 4$ 及 x 轴所围成的曲边梯形面积用定积分表示为 _____ .

四、计算与解答题(共 50 分)

1. 求下列定积分(每小题 5 分,共 40 分)

(1) $\int_{1}^{3} x^3 \mathrm{d}x$ (2) $\int_{1}^{2} (x^2 + \frac{1}{x^4})\mathrm{d}x$

(3) $\int_{0}^{1} \sqrt{x}(1+\sqrt{x})\mathrm{d}x$ (4) $\int_{1}^{\sqrt{3}} \frac{1}{1+x^2} \mathrm{d}x$

学院:_____   班级:_____   学号:_____   姓名:_____

（5）$\int_0^4 x\sqrt{x}\,\mathrm{d}x$

（6）$\int_2^3 (x-3)^{2016}\,\mathrm{d}x$

（7）$\int_0^{2\pi} |\sin 2x|\,\mathrm{d}x$

（8）$\int_0^3 \dfrac{2x}{1+\sqrt{x+1}}\,\mathrm{d}x$

2．画出由曲线 $y=x^2$ 与直线 $y=x$ 所围成的平面图形并求其面积.（10 分）

学院：_____　　班级：_____　　学号：_____　　姓名：_____

自测题 5 答题页

一、判断题(每小题 2 分,共 20 分)

题号	1	2	3	4	5	6	7	8	9	10
答案										

二、单选题(每小题 2 分,共 10 分)

题号	1	2	3	4	5
答案					

三、填空题(每小题 2 分,共 20 分)

1. _____ 2. _____ 3. _____ 4. _____

5. _____ 6. _____ 7. _____ 8. _____

9. _____ 10. _____

四、计算与解答题(共 50 分)

1. 解:(1)　　　　　　　　　　　　　　(2)

　　(3)　　　　　　　　　　　　　　(4)

　　(5)　　　　　　　　　　　　　　(6)

　　(7)　　　　　　　　　　　　　　(8)

2. 解:

学院:_____ 班级:_____ 学号:_____ 姓名:_____

习题参考答案

1.1

一、× × √ √ ×

二、C D B D C B D A

三、1. $[2, +\infty)$; 2. $-1, -\dfrac{(x-1)^2}{x+1}$; 3. $\dfrac{1}{x^2} - \dfrac{1}{x} + 1$; 4. $0, 24, -6$;

5. $y = \log_a \sqrt{2+t}$; 6. $y = u^{\frac{2}{5}}, u = 3^x + 2$.

四、略.

五、$y = u^2, u = \cos v, v = \ln w, w = x^2 - 2x + 1$.

六、$S = 2\pi r^2 + \dfrac{2V}{r}$.

1.2

一、√ × × √ √

二、C D B C

三、1. 1; 2. 0; 3. 0; 4. 0.

四、$\lim\limits_{x \to 0^-} f(x) = -1$ $\quad \lim\limits_{x \to 0^+} f(x) = 0$ $\quad \lim\limits_{x \to 0} f(x)$ 不存在.

1.3

一、1. 17; 2. 0; 3. $\dfrac{1}{6}$; 4. $\dfrac{2}{3}$; 5. $\dfrac{3}{5}$; 6. $\dfrac{5}{7}$; 7. 16; 8. e^3; 9. e^2; 10. 8.

二、$a = 2, b = -8$.

1.4

一、× × √ × ×

二、D C D C B

三、4.

四、略.

1.5

一、1. $x = 1$; 2. $(-\infty, -1) \bigcup (-1, 1) \bigcup (1, +\infty)$; 3. 0; 4. $x = 0$; 5. $x = 0$;

6. $\dfrac{1}{e}$; 7. 2; 8. 0,0; 9. $x = 1, x = 2$; 10. $(1, 4]$

二、C D C C C C B C C

三、1. 间断; 2. $a = 2$; 3. $x = 1$(可去间断点), $x = 2$(无穷间断点).

自测题 1

一、× √ × √ × × √ × × √

二、C B A A C

三、1. $(2, +\infty)$；2. 7；3. $\dfrac{1+2x}{2+2x}$；4. $y = \sin^3 x$；5. 0；

6. e^2；7. -4；8. 2；9. -1；10. 不存在.

四、1. (1) 2 ；(2) 3；(3) $\dfrac{1}{3}$；(4) e^{12}；(5) $\dfrac{5}{3}$ ；(6) $\dfrac{1}{2}$. 2. 0；3. 间断；4. 略.

2. 1

一、× × × √

二、B A B A C

三、1. $-f'(x_0)$；2. $\dfrac{1}{2}$；3. 1；4. 0.

四、1. -12；2. 12.

3. 切线方程：$y - \dfrac{1}{2} = -\dfrac{\sqrt{3}}{2}\left(x - \dfrac{\pi}{3}\right)$；法线方程：$y - \dfrac{1}{2} = \dfrac{2\sqrt{3}}{3}\left(x - \dfrac{\pi}{3}\right)$.

4. 切线方程：$y = \dfrac{1}{\mathrm{e}}x$；法线方程：$y = -\mathrm{e}x + \mathrm{e}^2 + 1$；5. $0, -1$，不存在.

2. 2

一、× × × × ×

二、B B D

三、1. $\dfrac{1}{2\sqrt{x}}$；2. $3x^2 - \dfrac{1}{x^2}$；3. $1 - \dfrac{2}{x^2}$；4. $-\dfrac{19}{6}x^{\frac{25}{6}}$；5. $\dfrac{1}{x\ln 2} + 5^x \ln 5$；

6. $\mathrm{e}^x(\cos x - \sin x)$；7. $4, -4$；8. $2^n\mathrm{e}^{2x}$；9. $6^x\ln 6$

四、1. $y' = 9x^2 - 4^x\ln 4 + 5\mathrm{e}^x$；2. $y' = -\dfrac{15}{x^4} + \dfrac{3}{x^2}$；3. $y' = 2x\arctan x + \dfrac{x^2}{1+x^2}$；

4. $y' = 2\mathrm{e}^x(\sin x + \cos x)$；5. $y' = \dfrac{1 - 2\ln x}{x^3}$；

6. $y' = 3x^2\ln x\sin x + x^2\sin x + x^3\ln x\cos x$.

五、1. $y'' = 6x - \mathrm{e}^x$；2. $y'' = -\cos x + \sin x$.

2. 3

一、× × √ ×

二、C A C D C

三、1. $3\cos(3x + 2)$；2. $2\mathrm{e}^{2x} - \mathrm{e}^{-x}$；3. $-\mathrm{e}^{-x}(\cos x + \sin x)$；

4. $2x\tan(x^2 + 1)\sec(x^2 + 1)$；5. $\dfrac{2\arcsin x}{\sqrt{1-x^2}}$；6. $\arccos x$；7. $\dfrac{1}{\sqrt{2}\mathrm{e}}$；8. 4.

四、1. $y' = 15(3x + 4)^4$；2. $y' = -5\cos(3 - 5x)$；3. $y' = -15x^2\mathrm{e}^{-5x^3}$；

4. $y' = \dfrac{3x^2}{1+x^3}$；   5. $y' = -3\cos^2 x \sin x$；6. $y' = -\dfrac{x}{\sqrt{1-x^2}}$；

7. $y' = \dfrac{6(\arcsin 2x)^2}{\sqrt{1-4x^2}}$；8. $y' = 2\cot 2x$

五、1. $y' = \cos[f(x)]f'(x) - \sin[f(x)]f'(x)$；   2. $y' = 2f(x)f'(x)$.

2.4

一、√   ×

二、1. -1； 2. 1； 3. $-\sec t$.

三、C   C   A   C   A   A   B

四、1. $y' = \dfrac{5y^2-1}{3y^2-10xy}$；   2. $y' = \dfrac{e^{x+y}-y^2}{2xy-e^{x+y}}$.

五、$y' = \left(\dfrac{x}{2+x}\right)^x \left(\ln \dfrac{x}{2+x} + \dfrac{2}{2+x}\right)$.

六、$\dfrac{1+\sqrt{3}}{2\sqrt{3}-1} e^{-\frac{\pi}{6}}$.

2.5

一、√   ×   ×   √

二、A   D   B

三、1. 0.04 ； 2. -0.06；   3. $\dfrac{2\sqrt{3}}{3}\mathrm{d}x$；4. 0；

5. 1.01，10.0333，-0.005，0.0058，0.95；6. 0.120601，0.12 ；

7. $5x^4\mathrm{d}x$；8. $\dfrac{2}{3}x^3 + C$；9. $e^x\mathrm{d}x$.

四、1. $\mathrm{d}y = (2x - 3\sin 3x)\mathrm{d}x$；   2. $\mathrm{d}y = e^x(\sin x + \cos x)\mathrm{d}x$；

3. $\mathrm{d}y = \dfrac{4e^{4x}}{\sqrt{1-e^{8x}}}\mathrm{d}x$；4. $\mathrm{d}y = (2e^{2x}\cos 5x - 5e^{2x}\sin 5x)\mathrm{d}x$

五、1. $\dfrac{1}{2} - \dfrac{\sqrt{3}}{2} \dfrac{\pi}{180} \approx 0.485$；2. $\dfrac{151}{150} \approx 1.0067$.

自测题 2

一、√   √   ×   ×   √   √   √   ×   ×   ×

二、B   A   C   C   B

三、1. -3；2. $1，\dfrac{1}{x}$；3. $\dfrac{1}{2016}$；   4. 1；5. $x + 2y - 5 = 0$；6. $\dfrac{1}{2}$；7. $\dfrac{8t}{\cos t}$；

8. $2x - \cos x$；$2 + \sin x$；   9. 2；   10. $(2e^x + \dfrac{1}{x})\mathrm{d}x$.

四、1. (1) $2e^x + 3\cos x$；(2) $-x^2\sin x + 2x\cos x$；(3) $-5\sin(5x+2)$；

(4) $10(3x^2 - 2x + 1)^9(6x - 2)$；(5) $\dfrac{1}{2x + \sqrt{1+x^2}}\left(2 + \dfrac{x}{\sqrt{1+x^2}}\right)$；

$(6)\mathrm{e}^x(\cos 3x-3\sin 3x)$

2. (1)14；(2)8.　　3. $y'=\dfrac{2x^3y}{y^2+1}$；4. $y'=3x^2-4x+1$；$y''=6x-4$；$\mathrm{d}y=(3x^2-4x+1)\mathrm{d}x$.

3.1

一、× × √ × ×

二、D D C

三、1. $\dfrac{0}{0}$，$\dfrac{\sin x}{2x}$，$\dfrac{1}{2}$；2. $\dfrac{\infty}{\infty}$，$\dfrac{\sin x}{x\cos x}$，1；3. $\dfrac{0}{0}$，∞

四、1. $\dfrac{1}{2}$；　2. $\cos\dfrac{\pi}{4}$；3. 0；4. $\dfrac{1}{3}$；5. $-\dfrac{1}{2}$；6. $\dfrac{1}{2}$；　7. e；　8. 1.

3.2

一、√ × × × × × ×

二、D A D B A A

三、1. $1-\cos x$，$(-\infty,+\infty)$，增加；2. $(-\infty,1)\bigcup(3,+\infty)$，$(1,3)$；3. $(-\infty,0)$，$(0,+\infty)$；

4. $1,-6,-2,21$.

四、1. $(-\infty,+\infty)$ 单调递减；2. 单调递增.

五、1. 单调增区间$(-\infty,-\dfrac{8}{9})$、$(2,+\infty)$，单调减区间$(-\dfrac{8}{9},2)$；

2. 单调增区间$(\dfrac{1}{2},+\infty)$，单调减区间$(0,\dfrac{1}{2})$.

六、略

七、1. 极小值：$f\left(\pm\dfrac{\sqrt{2}}{2}\right)=-\dfrac{1}{4}$，极大值：$f(0)=0$；　2. 极小值：$f(0)=0$

八、最大值 $f(-1)=10$，最小值 $f(3)=-22$.

九、$r=\dfrac{L}{\pi+4}$，$h=\dfrac{L}{2}\left(1-\dfrac{\pi+2}{\pi+4}\right)$.

3.3

一、× × × √

二、A A D.

三、1. $1,-3$；　2. $(0,0)$；　3. $(-2,+\infty)$，$(-\infty,-2)$，$(-2,-2\mathrm{e}^{-2})$.

四、1. 水平渐近线：$y=0$，垂直渐近线：$x=\pm2$；

2. 水平渐近线：$y=1$，垂直渐近线：$x=2$.

五、拐点：$\left(-\dfrac{2}{3}\sqrt{3},-\dfrac{10}{9}\right)$，$\left(\dfrac{2}{3}\sqrt{3},-\dfrac{10}{9}\right)$.

上凹区间：$\left(-\infty,-\dfrac{2}{3}\sqrt{3}\right)$，$\left(\dfrac{2}{3}\sqrt{3},+\infty\right)$，下凹区间：$\left(-\dfrac{2}{3}\sqrt{3},\dfrac{2}{3}\sqrt{3}\right)$.

六、略.

自测题 3

一、× × × × √ √ × × × ×

二、D A A A C

三、1. 2.5；2. 递增；3. 17，−15；4. 16，0；5. e^8；6. $\dfrac{2b^2}{a}$，0；7. 0；8. $\sqrt[3]{9}$，

0；9. $x=0$；10. $y=2$.

四、1. 单调增区间$(-\infty,-1)$、$(1,+\infty)$，单调减区间$(-1,1)$，极小值3，极大值7；

2. 最大值12，最小值−4；3. $\dfrac{5}{2}$；4. $r=h=\sqrt[3]{\dfrac{V}{\pi}}$.

4.1

一、1. $\dfrac{1}{3}x^3-\cos x$；2. $-\sin x+C_1 x+C_2$；3. $y=\dfrac{1}{2}x^2+1$.

二、B D C D D B C

三、(1) $\displaystyle\int(x^2-3x+1)\mathrm{d}x=\dfrac{1}{3}x^3-\dfrac{3}{2}x^2+x+C$；

(2) $\displaystyle\int\dfrac{\sqrt[3]{x}}{x}\mathrm{d}x=\int x^{\frac{1}{3}}x^{-1}\mathrm{d}x=\int x^{\frac{1}{3}-1}\mathrm{d}x=\int x^{-\frac{2}{3}}\mathrm{d}x=\dfrac{1}{-\frac{2}{3}+1}x^{-\frac{2}{3}+1}+C=3x^{\frac{1}{3}}+C$；

(3) $\displaystyle\int(\sin x-\cos x)\mathrm{d}x=-\cos x-\sin x+C$；

(4) $\displaystyle\int(x^{\mathrm{e}}-\mathrm{e}^x)\mathrm{d}x=\dfrac{1}{\mathrm{e}+1}x^{\mathrm{e}+1}-\mathrm{e}^x+C$；

(5) $\displaystyle\int\left(\dfrac{2}{1+x^2}-\dfrac{3}{\sqrt{1-x^2}}\right)\mathrm{d}x=2\arctan x-3\arcsin x+C$；

(6) $\displaystyle\int\left(\dfrac{4}{\sin^2 x}+\dfrac{3}{\cos^2 x}\right)\mathrm{d}x=-4\cot x+3\tan x+C$；

(7) $\displaystyle\int\dfrac{x^2-1}{x^2+1}\mathrm{d}x=x-2\arctan x+C$；

(8) $\displaystyle\int\dfrac{2-\sqrt{1-x^2}}{\sqrt{1-x^2}}\mathrm{d}x=2\arcsin x-x+C$.

4.2

一、C A

二、1. $-\dfrac{1}{5}$；2. $\dfrac{1}{4}$；3. $\ln x$；4. −4；5. $-\dfrac{1}{4}\mathrm{e}^{-2x^2}$；6. −1

三、1. $\displaystyle\int\sin 5x\,\mathrm{d}x=-\dfrac{1}{5}\cos 5x+C$；2. $\displaystyle\int\mathrm{e}^{-2x}\mathrm{d}x=-\dfrac{1}{2}\mathrm{e}^{-2x}+C$；

3. $\displaystyle\int(2-3x)^5\mathrm{d}x=-\dfrac{1}{18}(2-3x)^6+C$；4. $\displaystyle\int\dfrac{1}{1+3x}\mathrm{d}x=\dfrac{1}{3}\ln|1+3x|+C$；

5. $\int \dfrac{\ln^4 x}{x}\mathrm{d}x = \dfrac{1}{5}\ln^5 x + C$; 6. $\int \mathrm{e}^{\sin x}\cos x\mathrm{d}x = \mathrm{e}^{\sin x} + C$;

7. $\int \dfrac{2x}{\sqrt{1-x^4}}\mathrm{d}x = \int \dfrac{\mathrm{d}(x^2)}{\sqrt{1-(x^2)^2}} = \arcsin x^2 + C$;

8. $\int \dfrac{1}{1+\sqrt{x-1}}\mathrm{d}x = 2\sqrt{x-1} - 2\ln(1+\sqrt{x-1}) + C$.

4.3

1. $\int x\sin x\mathrm{d}x = -x\cos x + \sin x + C$;

2. $\int x\mathrm{e}^{-x}\mathrm{d}x = -\int x\mathrm{d}(\mathrm{e}^{-x}) = -x\mathrm{e}^{-x} + \int \mathrm{e}^{-x}\mathrm{d}x = -x\mathrm{e}^{-x} - \mathrm{e}^{-x} + C = -\mathrm{e}^{-x}(x+1) + C$;

3. $\int x\cos 3x\mathrm{d}x = \dfrac{1}{3}x\sin 3x + \dfrac{1}{9}\cos 3x + C$;

4. $\int x^2\ln x\mathrm{d}x = \dfrac{1}{3}\int \ln x\mathrm{d}x^3 = \dfrac{1}{3}(x^3\ln x - \int x^3\dfrac{1}{x}\mathrm{d}x) = \dfrac{1}{3}(x^3\ln x - \dfrac{1}{3}x^3) + C$;

5. $\int x^2\mathrm{e}^{2x}\mathrm{d}x = \dfrac{1}{2}x^2\mathrm{e}^{2x} - \dfrac{1}{2}x\mathrm{e}^{2x} + \dfrac{1}{4}\mathrm{e}^{2x} + C$;

6. $\int \arctan x\mathrm{d}x = x\arctan x - \dfrac{1}{2}\ln(1+x^2) + C$;

7. 设$\sqrt{x} = t, \int \mathrm{e}^{\sqrt{x}}\mathrm{d}x = 2\int t\mathrm{e}^t\mathrm{d}t = 2\mathrm{e}^t(t-1) = 2\mathrm{e}^{\sqrt{x}}(\sqrt{x}-1) + C$;

8. $\int \mathrm{e}^{-x}\sin 2x\mathrm{d}x = -\dfrac{1}{5}\mathrm{e}^{-x}\sin 2x - \dfrac{2}{5}\mathrm{e}^{-x}\cos 2x + C$.

自测题 4

一、√ × √ × × √ × × × √

二、A C C D B

三、1. $-\sin x$; 2. $\dfrac{1}{2}x^2, 1$; 3. $\dfrac{1}{2}x^2$, $\sin x$; 4. $F(x^2) + C$; 5. $(x+1)\mathrm{e}^x$;

6. $-\dfrac{1}{2}\cos 2x + C$; 7. $\dfrac{4}{5}x^{\frac{5}{4}} + C$; 8. $2\cos 2x$; 9. $\ln(1+x^2) + 1$; 10. $y = x^3 - 1$.

四、1. (1) $\int \dfrac{x^2 - x\cos x + 2}{x}\mathrm{d}x = \int (x - \cos x + \dfrac{2}{x})\mathrm{d}x = \dfrac{1}{2}x^2 - \sin x + 2\ln|x| + C$;

(2) $\int \mathrm{e}^{3x}\mathrm{d}x = \dfrac{1}{3}\int \mathrm{e}^{3x}\mathrm{d}(3x) = \dfrac{1}{3}\mathrm{e}^{3x} + C$;

(3) $\int \mathrm{e}^{\cos x}\sin x\mathrm{d}x = \int \mathrm{e}^{\cos x}\mathrm{d}(-\cos x) = -\mathrm{e}^{\cos x} + C$;

$(4)\int x\ln x\mathrm{d}x = \int \ln x\mathrm{d}(\frac{x^2}{2}) = \frac{x^2}{2}\ln x - \frac{1}{4}x^2 + C.$

2. $(1)2\tan x - x + C;(2)2\ln|\ln x| + C;(3)\frac{1}{4}\ln\frac{2-\cos x}{2+\cos x} + C;(4)\mathrm{e}^{\frac{1}{x}}(1-\frac{1}{x}) + C;$

$(5)\frac{1}{3}(x^3-1)\ln(x-1) - \frac{1}{9}x^3 - \frac{1}{6}x^2 - \frac{1}{3}x + C;(6)\frac{1}{2}\arcsin x - \frac{1}{2}x\sqrt{1-x^2} +$

$C.$

5.1

一、$\checkmark$　$\times$　$\times$　$\times$　$\times$

二、B　C

三、$\frac{3\pi}{4} \leqslant \int_{\frac{\pi}{4}}^{\frac{3\pi}{4}}(1 + \sin^2 x)\mathrm{d}x \leqslant \pi.$

四、$A = \int_1^3(x^2+1)\mathrm{d}x.$

五、(1) 因为 $\int_a^b k\mathrm{d}x$ 表示宽为 k,长为 $(b-a)$ 的矩形的面积,

所以 $\int_a^b k\mathrm{d}x = k(b-a)(k$ 为常数$).$

(2) 因为 $\int_a^b x\mathrm{d}x$ 表示直线 $y = x$ 在区间 $[a,b]$ 上围成的梯形的面积,

所以 $\int_a^b x\mathrm{d}x = \frac{b^2-a^2}{2}.$

5.2

一、1. $x^4 - 2x + 7$; 2. $6x\sin(3x^2+1)$; 3. $\cos x^2$; 4. $-12x-4$; 5. $10x^3 + x + 2.$

二、$(1)\int_1^2(x^2-3x+1)\mathrm{d}x = \frac{7}{6};$　$(2)\int_1^e(\frac{1}{x}+2a)\mathrm{d}x = 1 + 2ae - 2a;$

$(3)\int_0^2(\sqrt{x} - \frac{x^2}{2})\mathrm{d}x = (\frac{2}{3}x^{\frac{3}{2}} - \frac{1}{6}x^3)|_0^2 = \frac{4}{3}(\sqrt{2}-1);$　$(4)\int_0^\pi(\sin x + \cos x)\mathrm{d}x = 2;$

$(5)\int_0^1(100^x + x^{100})\mathrm{d}x = \frac{99}{\ln 100} + \frac{1}{101};$　$(6)\int_0^5 |1-x|\,\mathrm{d}x = \frac{17}{2}.$

三、$(1)\lim_{x\to 0}\frac{\int_0^x \tan t\mathrm{d}t}{x^2} = \lim_{x\to 0}\frac{(\int_0^x \tan t\mathrm{d}t)'}{(x^2)'} = \lim_{x\to 0}\frac{\tan x}{2x} = \frac{1}{2};$

$(2)\lim_{x\to 1}\frac{\int_x^1 \mathrm{e}^t\mathrm{d}t}{\ln x} = \lim_{x\to 1}\frac{(\int_x^1 \mathrm{e}^t\mathrm{d}t)'}{(\ln x)'} = \lim_{x\to 1}\frac{-\mathrm{e}^{x^2}}{\frac{1}{x}} = -\lim_{x\to 1}x\mathrm{e}^{x^2} = -\mathrm{e}.$

5.3

一、1. 0;　2. $1 - \frac{2}{e}$;　3. $0,2\int_0^a f(x)\mathrm{d}x.$

二、1. $\int_0^{\frac{\pi}{4}} \tan^2 x \mathrm{d}x = \int_0^{\frac{\pi}{4}} (\sec^2 x - 1)\mathrm{d}x = (\tan x - x)\big|_0^{\frac{\pi}{4}} = 1 - \frac{\pi}{4}$.

2. 令 $\sqrt{x} = t$,则 $x = t^2$,$\mathrm{d}x = 2t\mathrm{d}t$. 当 $x = 0$ 时,$t = 0$;当 $x = 4$ 时,$t = 2$.

于是 $\int_0^4 \frac{1}{1+\sqrt{x}} \mathrm{d}x = 2\int_0^2 \frac{t}{1+t}\mathrm{d}t = 2\int_0^2 (1 - \frac{1}{1+t})\mathrm{d}t = 2[t - \ln|1+t|]_0^2 = 4 - 2\ln 3$.

3. $\int_0^2 \frac{x}{(1+x^2)^2} \mathrm{d}x = \frac{1}{2}\int_0^2 \frac{1}{(1+x^2)^2} \mathrm{d}(1+x^2) = \frac{1}{2}[-\frac{1}{1+x^2}]_0^2 = \frac{2}{5}$.

4. $\int_1^e \frac{1+\ln x}{x} \mathrm{d}x = \int_1^e (\frac{1}{x} + \frac{\ln x}{x})\mathrm{d}x = [\ln|x| + \frac{1}{2}\ln^2 x]_1^e = \frac{3}{2}$.

5. 令 $x = 2\sin t$,则 $\mathrm{d}x = 2\cos t\mathrm{d}t$. 当 $x = 0$ 时,$t = 0$;当 $x = 1$ 时,$t = \frac{\pi}{6}$.

于是 $\int_0^1 \frac{1}{\sqrt{4-x^2}} \mathrm{d}x = \int_0^{\frac{\pi}{6}} \frac{2\cos t}{2\cos t}\mathrm{d}t = t\big|_0^{\frac{\pi}{6}} = \frac{\pi}{6}$.

6. 令 $x = \tan t$,则 $\mathrm{d}x = \sec^2 t\mathrm{d}t$,当 $x = 1$ 时,$t = \frac{\pi}{4}$;当 $x = \sqrt{3}$ 时,$t = \frac{\pi}{3}$.

于是 $\int_1^{\sqrt{3}} \frac{1}{x^2\sqrt{1+x^2}} \mathrm{d}x = \int_{\frac{\pi}{4}}^{\frac{\pi}{3}} \frac{\sec^2 t}{\tan^2 t\sec t}\mathrm{d}t = \int_{\frac{\pi}{4}}^{\frac{\pi}{3}} \frac{1}{\sin^2 t}\mathrm{d}\sin t = (-\frac{1}{\sin t})\Big|_{\frac{\pi}{4}}^{\frac{\pi}{3}} = \sqrt{2} - \frac{2}{\sqrt{3}}$;

7. $\int_0^1 x\mathrm{e}^{-x}\mathrm{d}x = -([x\mathrm{e}^{-x}]_0^1 - \int_0^1 \mathrm{e}^{-x}\mathrm{d}x) = 1 - \frac{2}{\mathrm{e}}$.

8. $\int_0^\pi t\sin t\mathrm{d}t = -([t\cos t]_0^\pi - \int_0^\pi \cos t\mathrm{d}t) = \pi$.

9. $\int_0^{\frac{1}{2}} \arcsin x\mathrm{d}x = [x\arcsin x]_0^{\frac{1}{2}} - \int_0^{\frac{1}{2}} x\mathrm{d}\arcsin x = [x\arcsin x]_0^{\frac{1}{2}} - \int_0^{\frac{1}{2}} \frac{x}{\sqrt{1-x^2}}\mathrm{d}x$

$= [x\arcsin x]_0^{\frac{1}{2}} + \frac{1}{2}\int_0^{\frac{1}{2}} \frac{1}{\sqrt{1-x^2}}\mathrm{d}(1-x^2) = \frac{\pi}{12} + \frac{\sqrt{3}}{2} - 1$.

10. 由 $\int_0^{\frac{\pi}{2}} \mathrm{e}^{2x}\cos x\mathrm{d}x = \int_0^{\frac{\pi}{2}} \mathrm{e}^{2x}\mathrm{d}\sin x = [\mathrm{e}^{2x}\sin x]_0^{\frac{\pi}{2}} - \int_0^{\frac{\pi}{2}} \sin x\mathrm{d}\mathrm{e}^{2x}$

$= \mathrm{e}^\pi + 2\int_0^{\frac{\pi}{2}} \mathrm{e}^{2x}\mathrm{d}\cos x = \mathrm{e}^\pi + 2[\mathrm{e}^{2x}\cos x]_0^{\frac{\pi}{2}} - 4\int_0^{\frac{\pi}{2}} \mathrm{e}^{2x}\cos x\mathrm{d}x$

移项,整理得,$\int_0^{\frac{\pi}{2}} \mathrm{e}^{2x}\cos x\mathrm{d}x = \frac{\mathrm{e}^\pi - 2}{5}$.

5.4

一、$\checkmark$ $\times$

二、1. -2; 2. 1.

三、1. $\frac{1}{2}$; 2. 1; 3. 发散;4. π; 5. 1; 6. 发散; 7. -1; 8. 发散.

5．5

一、$\dfrac{1}{6}$.　　　二、2.

三、$1+e^2$.

四、$\dfrac{4}{3}$，$\dfrac{16}{15}\pi$.

五、8π.

自测题 5

一、$\checkmark$　$\times$　$\times$　$\times$　$\checkmark$　$\checkmark$　$\checkmark$　$\times$　$\checkmark$　$\times$

二、D　A　D　C　C

三、1. $\dfrac{5}{2}$；　2. 0；　3. $\dfrac{\pi}{4}$；　4. $-2xf(x^2)$；　5. 6；　6. 0；　7. 0；　8. $\dfrac{2}{3}$；

9. $\dfrac{1}{2}$；　10. $\displaystyle\int_1^4 (x^2+1)\mathrm{d}x$.

四、1. （1）20；　（2）$\dfrac{21}{8}$；　（3）$\dfrac{7}{6}$；　（4）$\dfrac{\pi}{12}$；　（5）$\dfrac{64}{5}$；　（6）$\dfrac{1}{2017}$；　（7）4；

（8）$\dfrac{10}{3}$；　2. $\dfrac{1}{6}$.